U0034136

GORY DETAILS

ADVENTURES FROM
THE DARK SIDE OF SCIENCE

科學詭案調查局

離奇現象與惡爛實驗的科學研究報告

作者／艾莉卡‧恩格豪伯 Erika Engelhaupt

插畫／布萊恩尼‧莫羅－克里布斯 Briony Morrow-Cribb

翻譯／姚若潔

Boulder Media 大石文化

NATIONAL GEOGRAPHIC

GORY DETAILS

ADVENTURES FROM
THE DARK SIDE OF SCIENCE

科學詭案調查局

離奇現象與噁爛實驗的科學研究報告

作者／
艾莉卡‧恩格豪伯 Erika Engelhaupt

插畫／
布萊恩尼‧莫羅－克里布斯
Briony Morrow-Cribb

翻譯／
姚若潔

Boulder Media 大石文化

科學詭案調查局：
離奇現象與噁爛實驗的科學研究報告

作　者：艾莉卡‧恩格豪伯
插　畫：布萊恩尼‧莫羅－克里布斯
翻　譯：姚若潔
主　編：黃正綱
資深編輯：魏靖儀
美術編輯：吳立新
行政編輯：吳怡慧

發 行 人：熊曉鴿
總 編 輯：李永適
印務經理：蔡佩欣
發行經理：曾雪琪
圖書企畫：陳俞初

出 版 者：大石國際文化有限公司
地　址：新北市汐止區新台五路一段97號14樓之10
電　話：（02）2697-1600
傳　真：（02）8797-1736
印　刷：博創印藝文化事業有限公司

2023年（民112）3月初版八刷
定價：新臺幣 380 元／港幣 127 元
本書正體中文版由National Geographic Partners,
LLC 授權大石國際文化有限公司出版
版權所有，翻印必究
ISBN：978-957-8722-99-6（平裝）
＊ 本書如有破損、缺頁、裝訂錯誤，請寄回本公
司更換

總代理：大和書報圖書股份有限公司
地址：新北市新莊區五工五路2 號
電話：（02）8990-2588
傳真：（02）2299-7900

國家地理合股有限公司是國家地理學會與
二十一世紀福斯合資成立的企業，結合
國家地理電視頻道與其他媒體資產，包括
《國家地理》雜誌、國家地理影視中心、
相關媒體平臺、圖書、地圖、兒童媒體，
以及附屬活動如旅遊、全球體驗、圖庫銷售、授權和電商業
務等。《國家地理》雜誌以33種語言版本，在全球75個國家
發行，社群媒體粉絲數居全球刊物之冠，數位與社群媒體每
個月有超過3億5000萬人瀏覽。國家地理合股公司會提撥收
益的部分比例，透過國家地理學會用於獎助科學、探索、保
育與教育計畫。

國家圖書館出版品預行編目（CIP）資料

科學詭案調查局：離奇現象與噁爛實驗的科學研究報
告 / 艾莉卡.恩格豪伯(Erika Engelhaupt) 作；布萊恩
尼.莫羅-克里布斯(Briony Morrow-Cribb)插畫；姚若潔
翻譯. -- 初版. -- 新北市：大石國際文化，民109.10　頁；
14.8 x 21.5公分
譯自：Gory details.
ISBN 978-957-8722-99-6(平裝)
1.科學 2.科學實驗
300　　　　　　　　　　　　　　　　109014489

給蓋伊、達雷爾
和傑伊

目錄

序

在我七歲之前，我們家住在美國密蘇里州堪薩斯城近郊的綿延山丘之間。我們小小的白色灰泥房子坐落在和緩的山頂上，一條長而蜿蜒的車道通往山下。每天下午，校車都在車道底端把我放下，而我母親和我們家那條巨大的黑色德國牧羊犬都會在那裡等我。

有一天，車道底端出現了新的東西：兩座山。（其實只是小丘，但別忘了當時我年紀還小。）它們是垃圾堆，有一輛卡車停在路邊，把車斗中那些沒人要的東西隨意倒在了那裡。當我和母親走近時，垃圾堆變成了可以辨認的物體。有檔案櫃和裝滿紙張的紙箱。媽媽撿起一張深色的紙片，對著陽光看：那是一張牙齒的X光片。我們恍然大悟，一定是某間牙醫診所關門大吉，把東西全丟棄在我們車道的末端。

雖然垃圾堆中也散落著候診室的玩具，但它們對我來說都不如我挖到的一個珠寶盒那麼趣：裡面有一條銀項鍊，串著小巧的翠綠色鳥兒。但我接著就找到了最棒的東西：病患牙齒的石膏模型，上排下排都有。我很快就把那些最不完美的模型都挑了出來：有缺角的牙、歪斜如破籬笆的牙、缺牙的牙──愈醜愈好。

我父母對這堆被拋棄在自家門前的垃圾很不滿。後來，一位擁有建築設備的叔叔把它推平、用土蓋起來，造了我們自己的迷你垃圾掩埋場。但因為東西還是在那裡，我得以留下一些最喜歡

的寶物。我確信，我是密蘇里那一帶唯一一個不僅擁有自己的遊戲屋、而且小屋窗台還用歪七扭八的牙齒裝飾的女孩。偶爾我會重新排列那些牙齒，找出更恐怖的上下牙新組合。在有風的夏夜，我可以躺在我的小床上，開著窗戶，一看到那些在月光下發亮的牙齒就覺得安慰。

我想，如果我父母當初被我的這些收藏給嚇壞了——或者因為我後來對血腥的自然紀錄片和史蒂芬‧金小說的深深著迷而大驚失色，那我可能會跟現在不太一樣。我或許不會寫關於恐怖東西的文章，而是會變成一個會計師，或是那種看到血會不太舒服的人。

但我的命運不是那樣。幾年後，我家搬到佛羅里達州一片七英畝大的沼澤地。我父親是工程師，他在我們的活動房屋旁用煤渣磚建造了自己的電化學實驗室。在那些磚牆之內，他試著教我一些基本的科學原理。我不太懂，但看到他能把一美分的銅幣放入一槽液體中，第二天取出時變成閃亮的鎳幣，我驚訝不已。最重要的是，我學到：要搞清楚事情到底如何運作是絕對有可能的——而且用的是科學方法。

時間快轉 30 年。經過十年的研究生涯（活動包括在沼澤裡走來走去、研究含碳化合物），我成了華盛頓特區《科學新聞》（*Science News*）雜誌的作者與編輯。當一個寫部落格的機會出現時，我立刻就知道我想參與。我只掃了一眼自己辦公室的書架——裝滿了《血之祕史》（*Blood Work*）、《小牧羊人的殺手》（*The Killer of Little Shepherds*）、《噁心心理學》（*That's Disgusting*）等書，一個概念就浮現了。雖然過去不曾自認對駭人的死亡藝術有特別的興趣，但我發現自己的「病態好奇心」其實一直存在。因此，「科學詭案調查局」這個部落格就此誕生。

序

　　從那時起，我就在寫作中展開了多年的冒險，主題都是當有人問我在寫什麼時，必須先警告他們的那種。有一段時間，同事會把任何跟尿液和糞便相關的文章或科學論文都轉發給我。（據說，我那篇關於游泳池中的尿液會發生什麼變化的文章，每年夏天游泳池開張時都會衝上流量高峰。）後來我到國家地理網站擔任科學編輯，「科學詭案調查局」也跟著我搬過去，且之後就一直在那裡。

　　這一路上，有些一開始讓我擔心會對一般大眾造成過度刺激的駭人故事，後來卻成了我最喜歡的故事。例如有一次，《科學新聞》的一個同事若無其事地問我：寵物有時會吃自己死掉的主人，是不是真的？基於共同的好奇心，我決定調查事情真相。但我當時覺得，對愛動物的人來說，這樣的故事給人恐怖的聯想，我沒把握會受歡迎。

　　結果，不只是有很多人抱存同樣的疑問，更有許多描述這類事件的法醫案例研究。其他記者也寫過一些相關報導，但我決定運用自己的研究技巧，更深入地鑽研鑑識期刊。雖然我也擔心各地的愛狗人士會群情激憤，但這篇文章卻成了那年國家地理網站最受歡迎的文章。看來，人就算會嘲諷噁心的問題，也還是想知道答案。

　　除了滿足我自己另類的好奇心之外，「科學詭案調查局」更大的目標始終是要創造一個可以談論血腥、禁忌或不尋常議題的空間——然後透過科學的鏡片，近距離檢視這些問題。

　　為什麼我會想要把時間花在思考這類怎麼說都讓人不愉快的議題？可以這麼歸結：對於自己寫過的東西，我會比較不害怕。如果更仔細地觀察任何讓我不舒服的東西——死亡、疾病、恐怖的小丑，科學分析都能讓事情變得比較容易面對一點點。

也許是基於我自己最深的恐懼,死亡和謀殺成了我在科學報導上一再探訪的主題。我鑽研新的鑑識科學技術,還有老派調查方法,例如用來訓練警探與法醫的犯罪現場袖珍模型。也有些時候,我寫的不是生命的結束,而是對苦主來說會改變人生的主題,例如寄生蟲妄想——這樣的人因為相信自己正被看不見的蟲所侵蝕,人生從此天翻地覆。

話雖如此,我寫的事也不是每一件都這麼恐怖。我一直希望「科學詭案調查局」除了內容豐富,也要有趣。有時候,它就只是個探究噁心問題的好地方,例如被昆蟲叮咬可能慘到什麼程度,或耳屎背後令人驚訝的複雜科學。

撰寫這些文章時,我尋找既有排斥力又有吸引力的主題:那些我一開始不敢看、但接著又忍不住想從指縫間偷看的東西。這就是作家愛說的「戲劇張力」——而當引人入勝的科學和戲劇張力同時出現時,我自己就上鉤了。

本書集結了這些年來我在「科學詭案調查局」報導過的最吸引人的故事,並加以補充與更新。你也會發現一些新的故事,是我為了本書讀者特別挖出來的。你若想淺嘗,可以選擇任何一個你感興趣的篇章,它本身就是完整的故事。你也可以過過癮,一口氣讀完一整部。

本書中,我選擇了有戲劇張力的主題,也就是那些讓我想進一步了解的故事。每一部都以一個主題為中心,從死亡(〈病態的好奇心〉)到我們最深沉黑暗的想法(〈神祕的心智〉)。在所有這些領域,科學家正在開拓我們對一切噁心、恐怖與禁忌事物的知識領域,揭開我們心智、身體和世界令人驚異的真相。

對我而言,探索這些主題在在提醒著我:我們不必喪失孩童般的好奇心。我不知道我那些齒模後來怎麼了,或許是在某次搬

家時被丟棄了。但我還保存著那條翠綠色鳥兒的項鍊。它就像個小小的紀念，告訴我寶藏有時就藏在出人意料的地方，一些多數人從沒想過要查看的地方。我樂於從世界的醜陋當中發掘出美，從混亂之中找出秩序。

　　而這一切的開始，都在於願意提出某個可能會讓人吃驚的問題。有時候，這些問題可能會讓人不舒服──但答案卻總是引人入勝。希望你看完本書後，對於提出奇怪的問題會變得更大膽一點。我也希望這些答案能激發你更多的好奇心。

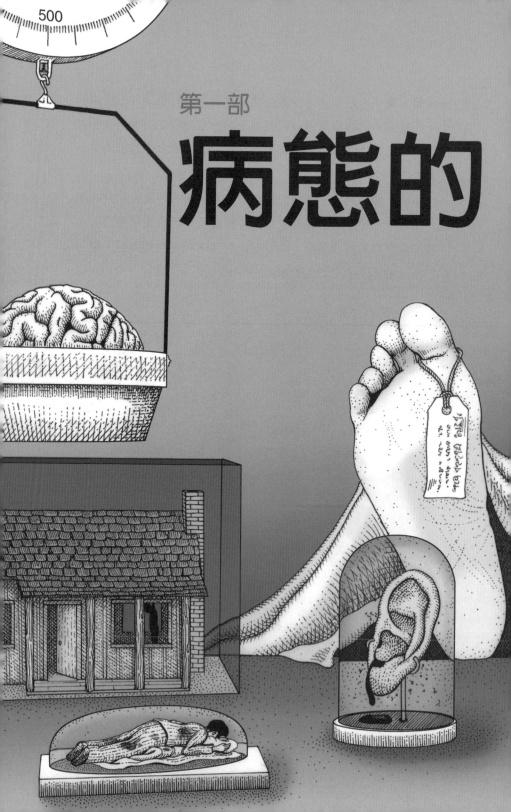

第一部

病態的

好奇心

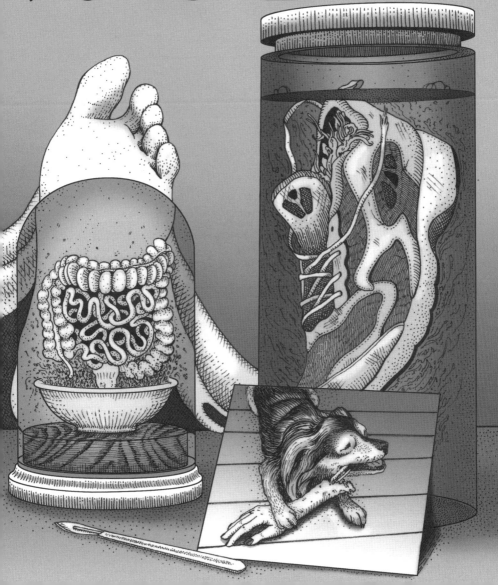

沒那麼CSI

病態的好奇心與太平間

我第一次目睹屍體剖檢，和想像中不大一樣。在成長過程中，我一直以為驗屍看起來會像醫學影集《神勇法醫官》（Quincy, M.E.）裡頭那樣，就是冷酷地把屍體剖開（不過憑良心講，1980 年代早期的電視對屍體的呈現都只能短短一瞥而已）。

自從傑克・克盧格曼（Jack Klugman）飾演這位破解罪案的法醫昆西以來，電視上描繪的屍體剖檢便大同小異：位於地下室的太平間，通常光線陰暗，只在擔架床上方吊著明亮的燈。整面牆都是存放屍體的冷凍抽屜，還有一個吊秤，讓病理學家可以把又溼又滑的心臟或肝臟放上去秤重。通常也有一個觀看區，家屬可以透過窗子觀看，而助理會把罩在他們親愛家人身上的薄布從臉上揭開。

昆西是個很難相處、非常聰明、性格執拗的男人，獨居在一條船上。這個角色協助塑造了古怪法醫的刻板印象。的確，從那時起，大部分犯罪影集中的病理學家和法醫多少都有些怪怪的：他們會和屍體說話，對死亡的態度冷靜到讓人不安（但這點應該透露了更多關於大眾而不是關於法醫的事：那些對死亡波瀾不驚的人，就是會讓我們覺得毛毛的）。

不過，擁有某種程度的病態好奇心是很正常的。我們都害怕未知──而如同他們說的，死亡就是最大的未知。它同時也是最確定的一件事。有好幾大類的藝術和文學都在探討這個主題，一

次又一次地從死裡逃生的故事裡尋求刺激。這就是為什麼我們會看恐怖電影，意外發生時會忍不住引頸觀看，雖然我們開車離開時還是會批評那些湊熱鬧的圍觀者。

雖然有人認為現代大眾文化裡的犯罪謀殺是一種病態的娛樂，但人對死亡和暴力的興趣卻一點也不新鮮。書中最古老的故事就是這些。不僅《聖經》裡全是，世界各地最受喜愛的故事、傳說、神話和童話中也是。

謀殺的故事並不新鮮，新鮮的是我們說故事的方法。今日，從真實犯罪 podcast 到「調查發現頻道」（ID Channel），我們可以 24 小時不間斷地在家裡串流播放死亡（有時還有非常清楚的細節）。這種類型的節目會如此成功，恰恰見證了病態好奇心的原始吸引力。

有些演化生物學家把這種好奇心解釋成一種對危險的理性分析：我們＊檢視死亡，以便學會如何避免死亡。其他動物也有這種行為，包括烏鴉會聚集在成員的屍體旁，同時注意著捕食者。同樣地，人在受謀殺案吸引的同時，可能也會分析危險，找出避免危險的可能策略。（我最近看了一個叫《生還者》（*I Survived*）的電視節目，內容全是人在描述自己死裡逃生的真實經驗，讓人目不轉睛。）而排行榜上有名的真實犯罪 podcast《我最愛的謀殺》（*My Favorite Murder*），採用的標語則是「保持性感，但別被宰了」，也為這種解釋投下贊成票。

如同某些心理學家提出的，病態好奇心的另一種解釋是：我

....

＊　雖然很難用實驗方法確認人「為什麼」會有病態的好奇心，但確實有測驗顯示，這種現象真的存在。2017 年，荷蘭心理學家蘇珊・烏斯特維克（Suzanne Oosterwijk）發表了她的一系列病態好奇心的實驗。她發現，即便可以選擇不看，人還是會去看描繪死亡和暴力的圖像，而且相較於中性或愉快的圖像，他們甚至會選擇花較多時間看這些圖像。

們之所以會受駭人事物的吸引，是因為本身渴望共享那種情緒。我們想把自己放在不幸受害者的立場，因為那是我們社會天性的一部分。也有人提出，我們想了解傷害他人的心智到底是怎麼產生的。如果這類理論是對的，那麼我們的意圖看來就不邪惡。

基於我自己的病態好奇心，我來到巴爾的摩首席法醫事務局（Office of the Chief Medical Examiner），參加一場凶殺調查的專題研討會，這就包含了一個參觀屍體剖檢的機會。結果，和電視劇一樣的地方大概只有那個秤子。喔，還有一個小細節：一張傑克·克盧格曼穿著白袍的照片，名牌上寫著「J·昆西」，跟過往法醫的肖像一起掛在牆上。

我想看真正的屍體剖檢是什麼樣子，而坐擁全美國最大法醫事務局的巴爾的摩處理許多剖檢。在六層樓高的法醫中心內，有16名法醫，一年進行約4000場剖檢，屍體來自馬里蘭州各地，占了州內所有死亡人數的大約10%。這當中不只有凶殺和意外，還包含所有非預期死亡的案例。有人告訴我，如果不想流落此地，那就得在醫生的照顧下死在醫院中才行。

法醫中心於2010年落成，擁有最先進的設備，還有「擴充的空間」——首席法醫助理布魯斯·戈德法布（Bruce Goldfarb）這麼告訴我，那時他正帶我穿過一樓的車庫。擔架床會從這裡直接推進貨運電梯，往上一層樓，放到秤上迅速量得體重，以13秒的時間拍攝全身X光*，然後再推到各有八個剖檢台的兩間剖檢室的其中一間。你平時等看醫生應該不會這麼快。

---

* 在這裡擔任此功能的特殊X光機由「羅德士」系統（Lodox Systems）製造。最初是為了防止南非鑽石礦工人吞下鑽石、或把鑽石塞在體內以行偷渡而設計的，以極低劑量的X光對工人做快速掃描。屍體不用擔心X光劑量，不過全身掃描可以幫助法醫找出子彈、腫瘤和其他傷害或疾病。

然後還有「腐壞」的案例，也就是已經分解（發臭）的屍體。由於實在太臭，所以會送到兩間較小的生物危害安全室，有特殊的通風設備，每小時可以完全替換房內空氣 30 次。但那氣味終究無法完全消除，每個從使用過的房間出來的人，還是會帶著一股刺鼻的脂肪酸味，也就是死亡的招牌氣味。

相較於很多人印象中的太平間，這裡明顯少了存放屍體用的一排排冷凍不鏽鋼抽屜。反之，只有一個低溫暫存室，讓剖檢結束、等著送往殯儀館的屍體暫時放著。戈德法布告訴我：「這裡沒有還沒做的待檢案例。每個人從進到出，都要在 24 小時內完成。」你也不會看到悲傷家屬認屍的觀看室。在這裡，身分不明者通常透過照片、牙科記錄、指紋或 DNA 來確認身分。

在我拜訪的第一天早晨，那裡有 17 具屍體，包括在腐化室中的五具。到了早上 8:30，法醫已開始進行他們上午的工作。工作分配過程友善而有秩序，由五位法醫平均分攤，也沒有人爭論腐化案例該由誰去做。

那天送來的 17 具屍體中，有五具帶著槍傷，在每天早上印出來的清單上以 GSW 標示。清單就放在每個人都要穿的淺藍色鞋套旁。我穿上鞋套，走進一間光線明亮的挑高房間。剖檢站的八張擔架床上，已經躺著七具屍體。

大家迅速檢視一具具屍體，彼此點頭、記錄細節。在有槍傷的案例，負責案件的警探也會到場並提供細節：觀察到的彈孔數量、找到的彈殼、目擊者的證詞等。

參觀過兩間剖檢室後，帶我參觀的法醫學學生問我想不想進去腐化分解室。一行人繼續前進，我不甘示弱，因此同意了。我們進入一間小得多的房間，裡面躺著三具屍體，呈現著瘀血般的各種黃色和紫色。你注意到的第一件事是氣味：是很難聞，但還

不到讓人受不了的程度。沒有人戴口罩或捏住鼻子。

我們離開時，我鬆了口氣，直到那個學生問我是否也想去另一間腐化室。還有一間？大夥兒也是要往那邊走，雖然人數稍微少了一點。我說：「有始有終。」然後我們就走向距離主檢剖室最遠的房間。在這裡有兩具屍體，都是腐敗得更嚴重時才被發現的。死後的幾天之內，屍體會因為細菌產生的氣體而腫脹，稱為屍體膨脹（bloat）。在這個房間，我目睹的是屍體膨脹以及伴隨的分解過程，也包括氣味。

接下來一整天，這個房間就一直揮之不去，不誇張。一小時後，我都還聞得到屍水的氣味，尤其是我移動的時候。我擔心這氣味是從我的長髮裡飄出來的。「別擔心，別人是聞不到的，」兩個學生注意到我在女洗手間嗅著自己的上衣時，這麼對我說。我看到洗手台旁有一罐除臭噴霧，但決定不要在她們面前把它拿來噴自己。稍後，等到洗手間裡沒有別人時，我往空中噴了一下，然後走進那芬芳的雲霧中。即便是當天晚上洗過澡，那股氣味也無法完全消除，也許它不只是留在我的鼻子裡，也留在我的腦子裡了。

第二天早上，沖了第二次澡之後，我加入專題討論的學生，從兩間主剖檢室上方以玻璃隔開的觀看區，在相對舒適的環境中參觀實際的剖檢過程。程序十分繁複，要顧到許多細節。技師和法醫採集各種證據——褲子被裝入袋中、子彈被取出，還要刮指甲。

另一個房間沒有槍傷屍體，進度比較快。其中六具屍體已經剖開。它們的胸腔打開，紅色的肌肉和片狀的皮膚邊緣掛著一道道細細的黃色脂肪。

但你首先會看的是頭部。有幾具屍體的頭皮被剝開，顱骨被

切開，裡面的腦已經移出。那巨大的空洞是整個情景中最駭人的部分。我過去想像法醫會從顱骨頂部切除一個蓋子般的區域，但實際上切除掉的範圍大概占了整個頭的四分之一，從頭頂一直延伸到耳朵之上，然後繞過整個頭的後側。

有一名助手使用骨鋸，不出幾分鐘便鋸下一塊顱骨。說時遲那時快，他已經伸手把整個腦拉出來。在腦幹快刀一切，整個腦就分離出來，粉紅滑溜，沾著血跡。他用一條白色毛巾把它包起，然後輕輕放到吊秤上的塑膠襯片上。

當你看著每天從事這種工作的人時，實際上並不像聽起來那樣嚇人。法醫和助手看起來既冷靜又深思熟慮。比較噁心的事情發生時，也沒人皺一下眉頭。只是要確認死因和死法，這就是法醫的工作。你必須逐一檢查屍體的每個部分。

這不是件令人愉悅的事，但我很高興自己實際看過。我覺得比較安心了：萬一我神祕死亡，我的屍體會被好好對待，會有人認真尋找造成我生命終結的線索。清潔寬敞的法醫事務局，加上實驗室裡柔和的設備運作聲，一切是這麼地淡然：這其實還蠻撫慰人心的。

人死後實際上身體會受到哪些對待，我們在相當程度上其實是受到屏障的。即使是《CSI 犯罪現場》（*CSI: Crime Scene Investigation*）或《識骨尋蹤》（*Bones*）裡最血腥的劇集，也經過淡化處理。亡者適度地無法辨認，重建的全息影像和漂亮動畫取代赤裸的法醫剖檢。我相信很多人寧可不要看那些血腥的細節，他們應該覺得不要知道比較好。

但既然你選擇翻開這本書，我就猜你不屬於上述那種人──所以我這裡有一些適合你的故事。死亡的主題讓我在許多意外的地方發現十分有趣的科學，從所謂的屍體農場、手工袖珍犯罪現

場模型，到加拿大卑詩省海邊被沖上岸的神祕的腳。在這個章節，我們會探索這類故事，並了解我們死後身體會發生什麼事。（事實上，心跳停止之後，身體中還有許多生命延續——微生物的生命。）

雖然從定義上來說，這些主題算病態，但我倒不認為它們悲傷或令人沮喪。雖然對生者來說，死亡可能在情感上難以負荷，但這並不表示病態的好奇心是一種想要悲傷的欲望。反之，它是一種想要「知道」的欲望——這種欲望雖然無法讓人一直興高采烈，卻能帶我們走上富有建設性的路。（畢竟這就是鑑識科學家分析死人、破解犯罪的驅動力。）最棒的是，滿足病態的好奇心能讓我們稍微放心一點點，因為我們會明白：即使是死亡，也遵循著自然的規則。而這是我們每個人都能夠了解的——只要你願意正視它。

世界最小的犯罪現場

訓練警探用的袖珍模型

傑德森一家都死了。鮑伯·傑德森（Bob Judson）是製鞋工廠的領班，他臉朝下倒在床邊的被子上，身上是染血的睡衣。一旁的妻子凱特乍看像是熟睡著，但她的枕頭和頭後方的牆上噴濺著血跡。

隔壁房間更慘。小嬰兒琳達·梅（Linda Mae）細小的雙臂從染血的臉旁邊伸展出去。相對於周圍的屠殺景象，琳達·梅好好的包裹在一條粉紅色毯子裡，毯子上的圖案是穿著芭蕾舞裙的大象和小狗。

這是個慘絕人寰的景象，而我被指定要搞清楚到底發生了什麼事。這是我第一場凶殺案調查，而我對自己的能力感到緊張——雖然這裡的傑德森一家人實際上身高不到 15 公分，而且是用瓷器做的。

這死掉的一家人，屬於娃娃屋大小的犯罪現場的一部分，製作者是法蘭西絲·格里斯納·李（Frances Glessner Lee）。她繼承了美國國際收割公司（International Harvester）曳引機和農具部的財富，在1940和50年代製作了20套嚇人而精確的模型，稱之為「死因不明案件縮小模型」（Nutshell Studies of Unexplained Death）。她以重視細節著稱，許多模型中的線索都來自真實的犯罪現場。由於十分精確，現在仍有 18 套模型被拿來作為訓練警探的教具（1990 年代，她新罕布夏州家中的閣樓又發現了一套模型，還有

另一套模型在搬運時意外損毀）。

此時我身置巴爾的摩法醫事務局裡一個陰暗的房間內，四周有 18 套袖珍犯罪現場。傑德森一家是「三房住宅」（Three-Room Dwelling）的一部分，也是「微縮模型」中最大的一座，裡面的娃娃屍體也最多（這可能是我被它吸引的理由——畢竟我喜歡挑戰）。

另外有些場景，看起來就像完全變調的房屋整修節目。在「粉紅浴室」的更衣鏡中看得到一張死亡女性的臉；在「廚房」有一名女人看似以瓦斯烤箱自殺——但或許她其實遭到謀殺？在「黑暗的浴室」的浴缸裡又是另一個女人，流過她臉上的塑膠水凍結在時間裡。

每一個現場都充滿細小的線索，有待觀察者找出，而我也和正加入尋找線索的過往警探的行列之中。這裡是第 73 屆「法蘭西絲·格里斯納·李凶案調查專題討論會」，由哈佛刑事科學聯合會（Harvard Associates in Police Science）贊助，舉辦地點就在巴爾的摩首席法醫事務局。每天都有數十名警探、矯正人員、檢察官以及少數其他類型的執法人員參加這堂介紹性的課程，偶爾也收像我這樣的新聞工作者。

這個為期一週的專題討論會是刑事司法人員的訓練場，有 16 名法醫與其他法醫學專家進行各式各樣的投影片演講，包括如何解讀血跡、採集微量跡證，到辨認不同類型的創傷等。至於演講內容有多詳細，這裡給你一點概念：鈍器創傷和銳器創傷的演講分別花了一個半小時，並提供好幾百張照片，顯示各式各樣的鈍器和銳器造成的創傷。（銳器創傷的照片比較嚇人，很大原因在於穿刺傷，但鈍器創傷也不溫吞就是了。）

除了這些演講（或說恐怖死法的連續展示——在這四天之中，

我開始這樣感覺），學員以三到四人為一組，每一組分配到不同
的「縮小模型」進行研究。在專題討論會的最後一天，也就是週五，
小組要報告各自的發現，說明他們是否認為這是凶殺案，並提出
他們從犯罪現場得到的線索。最後，他們會知道自己的分析是否
與法蘭西絲·格里斯納·李本來設計的情節相符。我在會中多次
受到提醒：她的答案是嚴格保守的祕密。

李現在被譽為「鑑識科學之母」，她製作模型，教導刑警學
習鑑識原則；當年鑑識領域剛興起時，刑警還沒有任何正規訓練。
她還在哈佛大學推動成立法醫學系，在 1931 年到 1966 年間訓練醫
師與執法人員。這個學程包含了各式各樣的刑事鑑識研究，包括
中毒方式到射擊殘跡。今日，「縮小模型」仍以非常具體的方式
提醒著我們李對美國刑事鑑識的重大貢獻。

「縮小模型」以一英寸比一英尺（即 1:12）的比例製作，這些
縮小的細節取自剖檢報告、警方記錄與證詞，但刻意加入一點能混
淆視聽的東西。有時李會在場景描述中更改人名和日期，至於某些
不是關鍵證據的細節，例如壁紙和裝飾，她偶爾也會稍加改變。

馬里蘭州首席法醫的行政助理、同時也是這些縮小模型實際上
的策展人布魯斯·戈德法布說，李花在建造袖珍模型上的錢，有時
相當於當時建造真正房屋所需的費用。戈德法布和藹可親、精力充
沛，留著灰色的山羊鬍，戴著時髦的黑框眼鏡。他過去曾是新聞人
員，認為自己在法醫事務局的工作是美夢成真。我第一次與他會面
時，他剛寫完一本書，內容是關於李對刑事鑑識的貢獻。

我匆匆跟上戈德法布的腳步，參觀整棟大樓、進出多間實驗
室，並看到一間名為「史卡佩塔之家」（Scarpetta House）的公
寓，這套完整的公寓是由推理小說家派翠西亞·康薇爾（Patricia
Cornwell）捐贈，用途是在裡面重建血腥的犯罪現場，以訓練調查

員。戈德法布一路上都沒有放慢腳步,直到我們進入光線陰暗、放有「縮小模型」的房間。

談到李的創作時,戈德法布的口氣變得充滿敬意。「如果做一件事有簡單的方法和困難的方法,她用的就是困難的方法。」他說。(為了佐證,他聲明一棟三層樓房的袖珍垃圾桶中裝的是真正的垃圾。)他也告訴我,所有的人物都有穿內褲,只是我無法拉下他們的褲子檢查,因為「縮小模型」都鎖在塑膠玻璃櫃內。

李有一個房間是必須把整個場景拆開才能看到的。還有一個房間裡有一張迷你搖椅,她堅持這搖椅被推動之後,搖動的次數必須和實物大小的搖椅相同。她用的石膏和板條都是真的,牆壁有螺樁,門有門框。

我有點暈眩。最後,我終於可以近距離觀看這些珍寶,而且還可以用正牌警探的方式來觀看,測試我自己的刑事鑑識知識與觀察力,設法釐清每一個縮小版的恐怖現場究竟發生了什麼事。

我的袖珍犯罪調查伙伴有為了成為司法心理學家而正在進修中的巴爾的摩心理學家安東尼・貝尼索維茨(Anthony Benicewicz)、法醫學碩士生阿約米蒂・歐路朵伊(Ayomide Oludoyi)、蒙哥馬利縣警局重案組主任麥克・瓦爾(Mike Wahl)警監,還有南卡羅來納州執法部的調查專員海莉・尼爾森(Haley Nelson)。站在他們旁邊,我覺得自己遠遠不夠格。

尼爾森有著一頭金色長髮,臀部掛著配槍,簡直可以去演犯罪類型的電視影集。當我們擠在「三房住宅」和死掉的一家人周圍準備開始調查時,我發現自己一直刻意和她的武器保持距離。

在不同場次的演講之間,我們匆匆趕回我們的「微小模型」,討論可能的情節,辯論這個場景會不會是父親謀殺之後自殺,還是有入侵者入室凶殺。臥室的兩扇窗半開,而寶寶琳達・梅的房

間裡，打開的窗戶邊，有一張翻倒的小桌子。尼爾森不斷回到那張桌子：有沒有可能是侵入者在進入房子時撞倒了這張桌子？

但我懷疑窗戶打開的程度有大到足以讓入侵者爬進來。我們開始一間間檢查現場的房間，重建可能的情節。有一把槍掉在廚房桌子旁，附近有一灘血。我們都從牆上的一個筒子裡取出 LED 小手電筒，開始尋找彈孔和彈殼。那把槍是長型的，我一直叫它是來福槍，直到我們的手電筒在牆上照出一連串微小的孔洞。「那會不會是霰彈槍？」我問麥克・瓦爾，心想這樣的問題應該請教真正的警察。他隔著模型的保護罩，盡可能靠近地瞪著現場。

「如果不是來福槍，就是小口徑霰彈槍，」他說，接著我們就必須趕回去參加槍傷演講了。演講中我花了很多時間閱讀維基百科上關於霰彈槍的歷史。再次回到房子觀察時，我們在各個房間中努力尋找彈殼。

我和貝尼索維茨決定第二天一早提前在「微小模型」展示間搜尋更多線索。我早上 8 點到達，房中無人，因此有機會和這些袖珍模型獨處一會兒。我試著想像在 1940 年代身為一名有錢的女繼承人，決定把自己接下來的人生和一筆財富用來建造迷你犯罪現場。我假想自己告訴模型製作者，要他製作比例完美的袖珍小木屋，然後再告訴他要把它燒毀。法蘭西絲・格里斯納・李就是這麼做的。我窺視著燒毀的屋內躺在床上的一具小小焦屍。

當貝尼索維茨抵達時，我們覺得自己卡住了。「三房住宅」裡每樣東西看起來都像是線索。廚房的桌上擺好了盤子和茶杯，還有一瓶看起來像袖珍辣醬的東西。這是為了什麼樣的餐點準備的？由於知道李重視細節，貝尼索維茨開始試著閱讀廚房地板上的迷你報紙。我們用手機拍下無數照片，然後加以放大。最後他終於能夠讀出新聞標題。那是有關學童在當地音樂會出場的消息。

看來，李為我們留下了一個誤導人的迷你誘餌。

由於沒有 DNA 甚至指紋，「微小模型」強迫你只能仰賴最基本的鑑識科學元素，其中很大部分是屍體和瀕死之人的生物學，加上一點牛頓物理學（子彈路徑方向上血液如何飛散、血液如何聚積在屍體最低點的基本自然法則）。舉例來說，要解開謎題，你必須注意黏在乍看之下很無害的鈍器上的細小毛髮，或者屍體被放平之前就已經僵硬的四肢。

我的犯罪調查伙伴就在「微小模型」中找到許多這樣的線索。當學員報告自己的發現時，多數小組的答案都相當接近李的解答。他們找到偽裝成意外或自殺的凶殺，甚至一開始看起來像是凶殺的意外自殺。

我自己的小組討論過無數情節，把我們的小手電筒指向假設的殺手可能採取行動的每個地方。我們考慮持槍者在開槍時可能站在哪裡，他的下一步可能是什麼，尋找可以把事情串連起來的證據。最後，有一組情節似乎可以符合所有的物證。

我不能告訴你我們小組對傑德森家命案的結論是什麼，因為我已經發誓保密。但我可以告訴你，我自願上台在全班面前報告我們的發現，然後一如我改不掉的毛病，講了太多細節。我也可以告訴你，我們的結論命中紅心。

你若想自己試試，也是可以的。「微小模型」不開放給一般大眾參觀，但 2017 年曾有一場展覽，史密森尼學會委託拍攝了「微小模型」的詳細照片，現在可以在網路上看到。* 你甚至可以透過手機來一場虛擬實境的調查。他們沒有公布答案，但你不應就此

....

* 網址為 americanart.si.edu/exhibitions/nutshells

退縮。

　　畢竟，調查「微小模型」不只是為了找出正確答案。重點在於學習如何真正看見眼前的事物——走進一個發生過恐怖事件的場景，並且抗拒移開目光的衝動。體驗「微小模型」就是讓自己沉浸在不確定之中，因為和真實世界一樣，你永遠無法完全確定什麼重要、什麼不重要。正是這份不確定性使這些場景具有可信度，同時推動你克服最大的恐懼、測試自己的推理能力。

活死人

當微生物翻轉局面

在任何一刻,都有大約與你自己的體細胞數量相同的微生物在你體內活著。* 這些微小的寄生者很多都只是在等著你嗝屁——而接下來發生的事情,能夠提供我們死亡時間的突破性證據。

死後大約四分鐘之內,你體內的細菌就會開始大開派對,彷彿是千禧年前夕。首先,因為一種稱為「自溶」(也就是自體消化)的作用,你的細胞會開始爆破,就像香檳開一樣。本來在腸道中爭奪殘羹剩飯的卑微細菌,忽然發現自己身置於有如拉斯維加斯吃到飽自助餐的食物堆中。就在它們開始暢飲你體內細胞汁液的同時,皮膚上的某些細菌也開始從外到內地啃食你。分解作用就此展開。

仔細想來,還真有一點點令人不安。好啦,或許是相當令人不安。但還是有個疑問:當你還活著時,為什麼這些細菌不會把

---

* 你可能也聽說過,我們體內的微生物數量是我們身體細胞數量的十倍。這是關於人類菌叢最有名的說法,但也是錯的。十倍這個比例可追溯到 1970 年微生物學家湯瑪斯‧D‧勒基(Thomas D. Luckey)的論文,他估計每公克人糞和腸液中含有約 1000 億個微生物,而由於成年人體內大約有 1 公斤這種物質,因此得出 100 兆個微生物細胞的數字。多年後,微生物學家德韋恩‧薩瓦奇(Dwayne Savage)大膽臆測人體細胞大約有 10 兆個,再跟這個數字放在一起,就得到了十倍的比例。2016 年,生物學家羅恩‧米羅(Ron Milo)和同事駁斥了那個比例,認為每一個人體細胞應該對應 1.3 個微生物細胞。而這也不是固定的。他們寫道:「每次排便都會減少約四分之一到三分之一的〔微生物〕量。」

你分解？

　　你會說：笨問題。因為我還活著。只有死掉的東西才會分解腐敗。

　　說得不錯——但這又是為什麼？一個關鍵的理由是：當你活著時，你的免疫系統會對微生物發動殊死戰來避免分解。我們的身體一直受到細菌、真菌和病毒的攻擊，它們很喜歡進入我們的身體、享用我們身上美味的有機物質、大肆繁殖。我們把這些微生物稱為病菌，而當它們傷害我們時——不論是活生生地啃食、劫持我們的細胞來讓自己繁殖、製造有毒廢棄物——我們就稱之為感染。我們的免疫系統每天 24 小時待命，隨時對抗入侵者，同時允許較無害的細菌存在，就像在腸道中幫助消化食物的那些。免疫系統的功績非常偉大。

　　另一方面，當你死亡、免疫系統不再運作時，分解作用就會發生。那時，你的身體基本上是第一次停下人生中每分每秒都在進行的戰鬥。血液不再把氧氣和營養輸送給組織和器官，細胞開始死亡。同時，酵素開始從內而外溶掉死亡的細胞，最後讓細胞香檳瓶破裂。在酵素豐富的胰臟和肝臟，這發生得很快，在腦部也是，因為那裡水分很多。細菌開始橫行、不斷增殖，攻下一個接一個的臟器。

　　雖然多數人或許寧可不要對自己最終的分解過程了解得如此詳細，但法醫學家已經發現，找出哪些細菌會啃噬我們的屍體，並記錄這些細菌活動的時間表，是非常有用的。他們甚至給了這群混雜的食腐細菌一個名稱：屍體菌叢。他們定出分解過程中各種微生物來來去去的順序，希望能更精確地估計一具屍體已死了多久。

　　雖然科技進步，但這仍是鑑識科學上最棘手的問題。法醫通

常只願意給出大範圍的可能死亡時間，使用的是經典跡象，例如屍斑（死後的血液積聚）、昆蟲活動，或分解的階段。死亡時間愈久，估計的時間範圍就愈大。

直到不久前，我們都還出奇地不了解微生物最後如何吃掉我們，以及它們在屍體上你爭我奪的戲劇性過程。2013 年，一個科羅拉多州的研究團隊有了突破。他們指出，隨著時間過去，死掉小鼠身上的微生物群落會依循固定的模式變化，這表示科學家或許可以觀察屍體上的微生物，再與那個模式比對，以鎖定死亡時間。

這與法醫昆蟲學是相同的原則。這門學科研究屍體上的昆蟲，例如蠅類通常很快就會落到屍體上產卵，這些卵變成蛆，然後再羽化為成蟲，整個時程是可以預測的。所以，你若測量某種特定蠅類的蛆的大小，就可以估計這個人死了多久。同樣的原則也可以運用在細菌上，對屍體的特定部位抹片取樣，透過 DNA 鑑定各種細菌的類型和數量，然後與典型的腐化時程進行比對。

基於細菌 DNA 龐大數據管理能力的進步，這個概念前景看好。對屍體的研究已經顯示，人體分解時，細菌的成長呈現相當規律的模式，因為不同的細菌都有各自偏愛的歐式自助餐主菜——也就是人類屍體所能提供的不同美味。

我只吃過一次歐式自助餐，那時我漫步在成堆的炸雞和蝦子之間讚嘆不已，並在腦中盤算：以我有限的胃容量，什麼才是最划算又最好吃的選擇？我該從蟹腳開始，還是直攻牛肋排？以我們為食的微生物也類似，有自己的偏好和進食順序。有些充斥於口腔內，有些集中在消化系統的另一端。有些還可以在厭氧環境（也就是沒有氧氣的地方）作用，因此它們在營養的內臟接觸到空氣之前，就可以搶先享用。

　　但要把這一切變成一份可用的人體分解時間表，就必須有人對大量的屍體取樣。最早展開嘗試的是德州東南應用鑑識科學中心（Southeast Texas Applied Forensic Science）的研究員，那是美國屈指可數的幾個人類學研究地點之一，常被稱為「屍體農場」，科學家會在那裡研究各種不同條件下人類屍體的分解過程。2013年，他們對戶外自然環境中分解的兩具屍體做了細菌調查記錄，並把焦點放在屍體的膨脹階段。

　　屍體膨脹就是字面上的意思。在腐化過程中，細菌會產生氣體，例如硫化氫（很臭）和甲烷（不臭，雖然很多和人體功能有關的笑話都說會臭）。這些氣體會使屍體腫脹起來，最終在「排氣」階段迫使屍水流出。這聽起來很噁心，但在分解過程中是很重要的階段，刑事鑑識人員和法醫傳統上都會用它來粗略估計人死了多久。例如，膨脹的屍體有可能死了兩天到六天，視溫度和其他條件而定，但排氣有可能發生在死後五天到 11 天之間。

　　在德州的屍體農場，研究員在屍體膨脹階段之前和結束時，分別在屍體的口腔和直腸等預期含有大量細菌的地方採樣。接著，研究團隊會尋找特定的遺傳標記，來鑑定樣本中的細菌。他們發現，膨脹階段結束時，梭菌類（Clostridia）等厭氧菌占了優勢。* 而兩具屍體的口腔取樣都顯示，在膨脹階段中，厚壁菌門（Firmicutes）會愈來愈多，梭菌類就是其中之一。這是屍體的細菌成長模式可能具有潛在用處的第一個跡象。

　　但那兩具屍體只是個開始。要找出足夠規律、能用來建立死後時間線的模式，科學家必須對各種條件下的更多屍體進行採樣。

---

* 在阿拉巴馬州對 45 具屍體的肝臟和胰臟取樣的科學家甚至為這類細菌在人死後增殖的現象取了一個名字：死後梭菌效應（postmortem clostridium effect）。

而這就是密西根州立大學的鑑識科學家珍妮佛・佩秋（Jennifer Pechal）展開的任務。

到 2019 年為止，佩秋已經擁有取自將近 2000 具人類屍體的微生物樣本。我在美國鑑識科學院（American Academy of Forensic Sciences）的集會上看她報告，並見證了屍體細菌這個奇特的小領域已經有了多少進展。佩秋現在和韋恩縣法醫事務局密切合作，事務局會例行性地對送到太平間的屍體進行取樣。美國各處和世界各地也有一些研究團體加入這個潮流：法國、奧地利和義大利的科學家互相對照彼此的數據，發現不管我們生活在哪裡——或死在哪裡，我們的屍體菌叢都會遵循類似的模式。

目前為止，浮現的圖像是：大約 48 小時後，微生物群落就會有一次大規模且規律的改變。有了這個標記，根據微生物的分解作用，要確認一具屍體死亡多於或少於兩天並不困難。佩秋希望後續的微生物研究能有助鑑別死亡後 12 小時或更短的屍體。「我有信心，這應該是未來法醫能夠應用的東西，」她說。

更令人吃驚的是，研究團隊也發現，剛死不久的人口腔內的細菌，可能含有他們生前健康狀況的線索。有些細菌和心臟病有關，而患有心臟病的人死亡後的 24 小時之內，口腔中也可以找到同樣的細菌。佩秋表示，根據這項研究，未來對屍體進行微生物測試時，不僅可以幫助病理學家了解一個人死了多久，甚至可以知道死因——例如有沒有可能是未被診斷出的心臟病。

佩秋說，科學家接著是發展可以分析屍體上微生物的電腦模型，估計死後經過時間（postmortem interval）。不過必須先透過死亡時間已知的屍體測試這些模型，確認了準確性之後，才能讓法醫使用。她解釋，他們的終極目標是為法醫和調查員提供一種基本工具，和其他方法結合使用時，能夠成為更精確估計死後經

過時間的可靠方法。

　　話雖如此，這個願景可能還要五到十年才會實現。第一，有許多實際上的問題，例如要找出屍體上採集細菌的最可靠位置。「要體表？還是體內？或兩者結合？」佩秋在這項研究一開始時就提出這個問題。根據研究團隊已經分析過的前 188 具屍體的資料，以死亡時間在幾天之內的屍體而言，口腔和耳朵是不錯的採樣位置。這些位置也很容易取樣，佩秋希望有朝一日，微生物採樣會成為剖檢時的例行步驟。

　　在屍體上繁殖的細菌也可能留下有關死亡時間的其他線索。我們不只可以看屍體上有哪些細菌、數量有多少，也可以偵測這些細菌在分解我們身體時產生的代表性化合物。

　　1990 年代，法醫人類學家阿爾帕德・瓦斯（Arpad Vass）決定記錄眾多細菌分解屍體時產生的化學物質。他找到三種對估計死亡時間有幫助的化合物，也就是人的脂肪、肌肉和腸道剩餘食物被分解所產生的所有脂肪酸。從那以後，鑑識調查便開始運用這些化合物及其他生物化學物質。瓦斯舉過一個例子：有一具在樹林中發現的男性屍體，透過脂肪酸測試，認為他已死亡 52 到 57 天。警察很快搜尋那個時段的失蹤人口記錄，並由此確認了這名男子的身分，稍後發現他的死亡時間是被發現前的 50 天。脂肪酸的結果相當接近。

　　甚至死人的 DNA 也藏有死後經過時間的線索，因為某些基因活動在死後還會持續。丹麥自然史博物館（Natural History Museum of Denmark）的遺傳學家湯姆・吉爾伯特（Tom Gilbert）告訴我，那就像在煮麵：如果把火關掉，水還會持續冒泡，只是會隨著時間漸漸平息。

　　同樣地，身體某些部位的基因會持續運作得比其他部位更久。

在他的實驗中，吉爾伯特結合幾處最可靠的組織，估計死亡後最初幾個小時的時間，能夠準確到驚人的九分鐘之差。他指出，時間若是拖得更久，遺傳訊息就會劣化得太嚴重，這時細菌的改變就是比較有用的工具了。

德州農工大學（Texas A&M University）的法醫昆蟲學家傑夫・湯伯林（Jeff Tomberlin）研究的是屍體上微生物和昆蟲隨著時間的變化。他說在不久的將來，這些化學變化都有望提升死亡時間估計的精確度。正如他所說的，微生物的種類非常多，遺傳上也非常不同，要全部記錄下來並觀察它們在各種不同環境下的生長狀況，需要花很多時間。但最終，這些方法都可以同時使用。湯伯林認為「這個看不見的世界將會是鑑識科學的未來」。或許有那麼一天，掃描屍體的微生物和化學指紋，會和採集實際指紋一樣，成為例行工作。

如果你死了，你的狗會把你吃掉嗎？

是有可能（但你也不會知道）

1997 年，柏林一位法醫在《國際鑑識科學》（*Forensic Science International*）期刊上報導了一宗格外嚇人的案子。一名 31 歲男子和他的德國牧羊犬住在他母親屋子後面改建過的獨立小棚中，有天晚上他回去休息後，大約晚間 8 點 15 分，鄰居聽到一聲槍響。

45 分鐘後，這名男子的母親和鄰居發現他已經死亡，口中有槍傷，手下有一把瓦爾特（Walther）手槍，桌上有一張遺書。然後警察發現了更恐怖的事：他的臉上和頸部都有咬痕。

這名男子的德國牧羊犬並不激動，對警察的指揮也有回應。但在前往動物庇護所的路上，這隻狗吐出了主人的一些皮肉，包括上面仍看得出鬍子的皮膚。這個例子中，動物並沒有被困在缺乏食物的地方，因為警察抵達時，地上還有半碗狗食。令人不安的推測是：人類最好的朋友或許並不真的那麼忠心耿耿。

寵物取食過世主人屍體的情況有多普遍，沒有人追查過。但過去大約 20 年來，鑑識科學期刊上出現過十幾個案例，為多數主人不願試想的可能性——成為寵物飼料——提供了最好的觀察窗口。我自己從未想過這個問題，直到一個朋友跟我問起這個現象。身為獨居的動物愛好者，她或許有那麼一點擔心自己的未來。

於是我著手尋找相關資料。最後，我找到寵物取食主人屍體的一些研究，涵蓋超過 20 個案例，並找到一份 2015 年的研究，共記錄了 63 個案例。這些案例有多悲慘，照片就有多嚇人，我閱讀

是為了找到答案：為什麼？為什麼有些寵物餓了好幾週也完全不動主人的屍體，有些寵物卻立刻大快朵頤？還有，寵物主人有沒有任何方法可以避免這種恐怖的結局？

研讀這些文獻時，我找到了一些讓人驚訝的模式，而這也讓人進一步好奇：寵物取食屍體的動機究竟是怎麼產生的。它們也證明了當我們無法從動物的角度來詮釋牠們的行為時，可能會犯下多離譜的錯誤。

首先：貓的名聲不太好。人們通常認為狗很忠誠，貓則是冷漠的掠食者，只要看著你就表示想把你吃掉。但結果，在動物取食屍體的鑑識科學記錄中，大部分都是狗。事實上，在已發表的記錄中，我所能找到貓取食主人的例子相當少（而且其中一例是個養了十隻貓的男子）。在一份 2010 年發表於《鑑識與法醫學期刊》（*Journal of Forensic and Legal Medicine*）的報告中，有一名死於動脈瘤的女性，第二天早上被發現倒在自家浴室地板上。鑑識結果顯示，她的狗吃掉了她的大半張臉，但兩隻貓卻沒碰她。

第一次在「科學詭案調查局」部落格描寫這個現象時，我自己的推測是法醫或許比較會去報導與狗有關的案例，因為這種事發生在「人類最好的朋友」身上時，會更引人關注。但實際與鑑識科學家和法醫談過之後，我就不那麼確定了。

2016 年一份發表在《獸醫學行為期刊》（*Journal of Veterinary Behavior*）的研究指出，「在室內環境中，犬類取食屍體的例子很少受到報導，但在鑑識工作中卻屬常見。」和我談過的法醫也確認了這點。密西根州的一位法醫約瑟夫・普拉洛（Joseph Prahlow）＊

＊ 無獨有偶，我剛剛在一場鑑識科學研討會上聽了普拉洛的報告，是和電梯死亡有關的，格外恐怖。教訓是：絕對不要嘗試自行逃出卡住的電梯。

說，他在屍體剖檢過程中發現寵物取食屍體的證據，「每年至少兩三次」。他說，做這種事的通常是狗而不是貓。

如果觀察狗相對於貓的取食行為，這就顯得有道理了。一般而言，狗是機會主義者，牠們會狩獵，但也是食腐動物，不介意吃松鼠之類的屍體。貓則傾向獵捕並殺死自己的獵物。雖然兩者在飢餓時都有可能去翻垃圾，狗卻比較不挑食。

「狗是狼的後裔。」史坦利・柯倫（Stanley Coren）說。他是心理學家，在電視上主持過有關狗的節目，也寫過相關書籍。「如果面臨主人死掉而又沒有食物來源的情況，牠們該怎麼辦？什麼肉牠們都可以接受。」

這不表示你可以完全相信你的貓不會吃你。當貓吃人類遺骸時，傾向選擇臉部，尤其是柔軟的鼻子和嘴唇，卡羅琳・蘭多（Carolyn Rando）這麼說。她是英國倫敦大學（University College London）的法醫人類學家，在研究過考古學遺址中的食腐行為後，對這個主題產生興趣。「身為貓奴，我並不驚訝，」她說。「如果你在睡覺，牠們通常會撲打你的臉來叫醒你。」所以貓有可能會先嘗試「叫醒」死掉的主人，發現沒用時，改用咬的。

在某些鑑識報告中，有些動物很明顯是為了存活才吃死掉的主人。在 2007 年的一份報告中，有一隻鬆獅和拉布拉多混種的狗，把主人吃得只剩下顱骨頂部和一些碎骨頭。

然而 1997 年柏林的案例中，那隻德國牧羊犬在主人死後立刻就開始啃咬。法醫馬庫斯・羅斯柴德（Markus Rothschild）這麼寫道：「一隻素行良好、又沒有填飽肚子需求的寵物，為什麼會這麼快就開始破壞主人遺體？這是個有趣的問題。」很多人假定狗只有在飢餓時才會吃食主人屍體。「但鑑識經驗顯示，這看法顯然不正確。」羅斯柴德寫道。

在 2015 年那份關於狗食腐行為的報告中，過世主人死後不到一天就被啃過的案例，占了將近四分之一。而且有些狗還擁有沒吃完的食物——和柏林的案例一樣。

想想，如果狗只在飢餓時才吃主人，或許會選擇與在野外時相同的部位。但事實並非如此。當寵物狗在屋內取食主人屍體時，73% 的案例都咬過臉部，但只有 15% 咬過腹部。反之，戶外的食腐犬科動物（包括草原狼和家犬）的取食模式都有詳細記錄，會先咬開胸腔和腹腔，取食營養豐富的內臟，之後則是四肢。只有 10% 的戶外食腐動物會造成臉部或頭部的損傷。

如果你和家中的狗非常親暱且待牠們不薄，可能也會傾向認為自己萬一在牠們面前死掉，可以躲過這種事。但狗的行為並沒有這麼明確。我讀到的報告沒有一則指出虐待動物的歷史，而事實上，有幾個例子還指出，朋友和鄰居都表示主人和狗之間的感情非常好。

因此，我們可以轉而思考寵物的心理狀態：「對這種行為的一個可能解釋是，寵物先是透過舔或推，企圖幫助失去意識的主人。」羅斯柴德觀察：「但發現主人沒有任何反應時，動物可能變得恐慌，行為變得狂亂，導致啃咬。」蘭多則發現，一旦咬下，就很容易跳到吃：「所以狗不見得是想要吃東西，而是嚐到血的味道後，刺激了食慾。」

蘭多補充，不同品種的狗有不同性格，因此可能導致牠們面對主人死亡時有不同反應，讓事情變得更複雜。不過，在鑑識報告中出現的食屍品種很多，包括惹人疼的拉布拉多和黃金獵犬。我讀到的記錄中有許多混種狗，也有幾種獵犬和牧羊犬。

整體來說，這些狗大多屬於中型到大型犬，我讀到體型最小的是米格魯犬。但可能因為體型較大而有力的品種可以造成比較

大的損傷，這些案例也比較會受到注意。2011 年，歐洲科學家報導了三起食屍案例，都吃到身首分離的程度，都是德國牧羊犬所為。不過據我們所知，博美狗或吉娃娃也可能把你的頭咬掉，如果牠們做得到的話。

蘭多懷疑，狗本身的性格或許比品種的影響更大。例如，一隻沒有安全感、經常表現出分離焦慮的狗，或許更有可能從亂舔轉為猛咬再轉為取食。

所以，如何避免被吃？不管你的寵物屬於哪個類型，都不能保證絕對不會發生這種事，因為連倉鼠*和鳥偶爾也都出現過取食屍體的例子。蘭多說，寵物主人要減少這種機會的最好方法，是確定有人會在你失聯時過來看看。同樣的道理，她也建議要經常留意鄰居中年紀大、生病或較脆弱的人。「這是確保你身邊常有人在的好理由，」她說。「年老時的社交生活，對每個人都有好處。」

話說回來，並不是每個人都很擔心這種血腥情節。事實上，我剛在部落格發布這篇文章時，我很驚訝很多人都覺得還好。「你死後還能為毛小孩提供食物，這樣很棒！」有一個讀者在推特上這樣說。

不過，即使你生性不是這麼樂天，或許也該考慮原諒你家的狗（和貓）。就算牠們在肚子餓前就可能會啃啃我們的屍體，但那不表示牠們對我們毫無感情，或只是把我們當成自動餵食機。事實上，狗拚命試著喚醒死去的主人，顯示失去人類伙伴對牠們來說是很大的創傷。

....

* 事實上，倉鼠的那個例子相當可怕。在德國有一名 43 歲女性，被發現死在公寓中時，臉上和頭上都有傷口。最初調查員以為她受人攻擊。但他們在一個抽屜中找到她的寵物黃金鼠做的窩，裡面鋪著一條條主人的皮膚、脂肪和肌肉組織。

　　而面對創傷，我們當然不能預期自己的寵物像人類一樣哀悼，比較合理的做法是去驗證其他社會性動物對死亡的反應。雖然我們無法知道狗的情緒狀態是否相當於我們的悲傷，但動物行為研究顯示，許多物種對自己同類的死亡都會有複雜的反應表現。對於死去的同伴，大象會用鼻子從鼻尖觸摸到臉部和象牙，和活著時彼此打招呼時接觸的部位一樣。黑猩猩、海豚和澳洲野犬可能會連續幾天到幾週都還把自己死掉的嬰兒帶在身邊。而烏鴉（我們稍後會討論到的動物）則會聚集在死掉的同伴身旁喧嘩，有時甚至攻擊屍體。

　　說到最後，狗經過世世代代的馴化而與人類建立起來的特殊連結，或許反而讓牠們更有可能吃我們。試想：如果你發現自己的人類同伴倒在地上、毫無反應，會是多麼痛苦的一件事。所以如果那種痛苦導致亂舔然後啃食，我想我們只能接受這個事實：有時候，愛之深，咬之切。

流血的屍體

死人可以指認凶手嗎？

如果死人會說話就好了。如果我們可以從屍體取得某些訊息——例如烙印在被害者視網膜上、撲過來的凶手形象，就可以節省法醫和警察的很多力氣。

為此，犯罪司法系統多年來試過了一些古怪的科學方法，想取得這類線索。例如在不算很久的 100 年前，曾有醫生挖出屍體的眼睛，企圖從視網膜取得死者生前看到的最後影像，像沖洗照片一樣。這個過程稱為光圖術（optography），雖然最後證實是在胡說八道，但它卻是以一個真正的科學發現為基礎。1876 年，德國生理學家法蘭茲・克里斯提安・波爾（Franz Christian Boll）發現眼睛底部有一種呈紫色的色素，遇到光時會變淺，他稱之為「視紫」，也就是今日所知的視紫質（rhodopsin）。可惜的是，透過固定屍體眼睛視紫質而採集的「光圖」毫無意義，從來不曾出現任何殺手的影像。

「光圖」的潮流相對短命，但另一項請死人作證的方法倒是持久得多。直到幾個世紀之前，人都還相信如果凶手在場，屍體就會自動流血，也有人因此被判謀殺罪。至少從 1100 年代到 1800 年代早期，在整個歐洲和美洲殖民地，男男女女都曾在法庭上進行「屍體出血」測試——又叫「靈車的考驗」。在這種測試中，死人身上的刀傷若是冒血、鼻子和眼睛若是流血，就會被認為是確鑿的罪證。

　　沒有人知道這種屍體出血測試是怎麼開始的，但最早的記錄出現於 13 世紀的日耳曼史詩《尼伯龍根之歌》（*Nibelungenlied*）。故事中的屠龍勇士齊格菲（Siegfried）遭人謀害，屍體放在靈車上。而當殺害他的哈根（Hagen）靠近時，這位屠龍勇士的傷口就開始淌血。

　　《尼伯龍根之歌》的無名詩人寫道：「這是偉大的奇蹟，今日也常發生，當犯下謀殺罪的人來到屍體旁時，傷口就會開始流血。」這些文字清楚顯示，在史詩寫成的公元 1200 年左右，「屍體出血」已經是為人接受的想法了。

　　就算運用最基本的科學知識，也很難想像屍體在凶手面前流血的想法是怎麼開始的。撇開屍體無法感知凶手在場不談，單純觀察屍體，似乎也應該排除自發性流血的可能性。例如，心臟一旦停止，屍體就不會真的流血。死後血液很快就會匯聚到身體最低的部位，聚積的血液會造成青紫色的屍斑（livor mortis），一般而言在死後 30 分鐘到四小時開始顯現。8 到 12 小時內，屍斑就會「固定」，也就是即使移動屍體，聚積的血液也不會移動。鑑識科學家與犯罪小說家 A・J・斯迪爾（A. J. Scudiere）說：「這段時間內，屍體不會流血，只有可能滲血。」

　　那麼，人究竟是看到了什麼，讓他們堅信屍體突然開始流血？若是屍體已經開始分解，那麼他們看到的就有可能是稱為「屍水」的紅褐色惡臭液體，這種液體可能蓄積在肺中。如果運送到審判現場的屍體被碰到或擠到，這些液體就有可能從鼻子或嘴巴漏出來。

　　液體排出有可能是偶爾讓「屍體出血」顯得可信的原因。不過，人尋求的不見得是物證，因為他們相信的是法庭上的奇蹟。「靈車的考驗」只是被拿來當作呈堂證據的若干神蹟的其中一種。

此外還有「水的考驗」，包括那個著名的測試：女巫會浮起、無辜者會沉下。至於在「火的考驗」中，嫌疑犯會被迫拿著火紅的鐵塊或是在上面行走，如果三天之內上帝沒有讓傷口痊癒，就是有罪。這類審判不只發生在小地方或偏遠地區：連英國國王詹姆士一世也堅信「屍體出血」。

今日，詹姆士國王下令編纂的《聖經》版本比他對巫術的關注更出名。但其實在 1597 年，也就是《欽定版聖經》出版前十幾年，他寫了一份有關惡魔和巫術的論文，題為《鬼魔學，以對話形式呈現》（Daemonologie, In Forme of a Dialogue）。詹姆士國王對神祕的巫術很著魔，尤其是對女巫，1590 年就獵捕了至少 70 名女巫，當時他還是蘇格蘭的國王詹姆士六世。女巫遭受各種酷刑，例如乳房鉗（breast ripper，事實上就和聽起來一樣恐怖），直到她們認罪為止。最後，在蘇格蘭的巫術審判中被送上火刑柱的大約有 4000 人。

在《鬼魔學》中，國王寫出了他的信念，認為「屍體出血」可以懲罰惡人：

> 在祕密謀殺中，如果死者屍體在其後任何時刻與凶手接觸，將會湧出血液，彷彿血液正在呼求天堂為死者復仇，而那正是上帝為祕密謀殺的審判而展現的祕密超自然神蹟。*

奇怪的是，一般而言，男人的屍體似乎比較會哭訴。俄勒

---

* 在同一個句子的後半段（詹姆士國王喜歡寫很長的句子），他說明了用來判斷誰是女巫的「水的考驗」：「上帝使水拒絕接納女巫（以此作為女巫大不敬的超自然徵兆）。」他也指出：「一如她們眼裡也無法流出眼淚（不論施予再多酷刑），」而國王也確實動用過酷刑。至於那些確實有哭泣的女人，詹姆士則說她們的淚「就像鱷魚的淚一樣虛偽」。

岡大學（University of Oregon）的歷史學家莫莉‧殷格朗（Molly Ingram）查驗「屍體出血」的記載，其中有許多來自早期描述審判過程的小冊子或報紙。值得注意的是，流血屍體的記載很少提及女性——除了女性被認為是凶手時以外。法院程序中也幾乎不會記載女性的證詞。殷格朗說：「女性言論的可信度被認為比男性的低。」

殷格朗也研究描述惡魔附身的歷史記錄。（古代人認為這大多發生在女性的身上，因為女性的身體比男性虛弱，比較容易被侵入。）殷格朗發現，相較於附身的男性惡魔，那個被附身的女性本尊的言論有時還更不被採信。基於那個時代的仇女傾向，殷格朗表示：「我不驚訝會有這樣的差異的存在。比較令人驚訝的是，〔今日〕似乎沒有人注意或談論這件事。」

在「靈車的考驗」中有一起罕見的女性受害者案例：馬里蘭州有個名叫湯瑪斯‧梅汀（Thomas Mertine）的男性在1660年被指控將女傭凱瑟琳‧雷克（Catherine Lake）毆打致死。「屍體沒有流血，」法庭記錄如此描述，肯定了陪審團似乎早已做好的決定：儘管有三名傭人作證說看見梅汀把女僕毆打致死，但陪審團卻認為雷克並不是被打死的，而是死於一種稱為「母親的痙攣」的疾病，類似歇斯底里症。最後主人無罪釋放。

即使到了近代早期，哥倫布抵達新世界、文藝復興正盛之時，人們仍仰賴魔法和奇蹟來裁決法律上的紛爭。正如殷格朗所言：「當時的世界仍是個有魔法的地方。」

雖然審訊上的大多數考驗方式在16世紀就漸漸式微，但屍體出血卻還撐了好一段時間。殷格朗懷疑它之所以比其他考驗更被採信，可能是因為它和男人而不是女人比較有關聯。

使用屍體出血法的最後幾個案例之一，可能發生在1869年美

國伊利諾州的黎巴嫩鎮（Lebanon）。歷史學家亨利・查爾斯・李（Henry Charles Lea）在 1878 年寫道：「有兩名被害者的屍體被挖出來，住在附近的 200 個居民列隊從旁走過，每個人經過時都必須碰觸他們，希望能藉此找出犯罪者。」我沒能找到 1869 年 3 月 29 日刊登在《北美與美國公報》（*North American and United States Gazette*）上的原始報導，看後來到底發生了什麼事，但想必屍體並沒有洩露凶手是誰。

時至今日，謝天謝地，你只會在藝術作品和表演中看到「說話的屍體」。例如在莎士比亞的《理查三世》一開始，駝背的理查（當時還是葛羅斯特公爵）殺了國王亨利六世。理查在送葬途中接近國王未來的妻子安妮・內維爾夫人，這時屍體開始流血，於是她指控他的背叛：

> 噢，先生們，看，看死去亨利的傷，凝結的傷口打
> 開，鮮血再次流出。羞愧吧、羞愧吧，你這畸形的傢伙：
> 因為你在場，才讓這血流出來。

今日，我們不再仰賴屍體和傷口來作證，而是藉著 DNA、指紋和其他鑑識方法來判斷無辜或有罪。事實上，由於科學證據如今在凶殺審訊中實在太重要，因此律師擔心陪審團會預期每一個案件都有高科技證據，他們稱之為「CSI 效應」。不過根據對陪審員的研究，這效應是否真的存在還不清楚。只是證據顯示，像是《CSI 犯罪現場》這類節目的忠實觀眾，在決定證據的價值時的確可能和他人不同。2015 年由加拿大的犯罪學家進行的研究顯示，相較於對照組，認為自己觀看的鑑識影集反映事實的模擬陪審員會把 DNA 證據看得比較重要。

所以，雖然我們相信的東西已經隨著時間改變，但偏見仍然

跟著我們步入法庭。陪審員或許並不預期屍體的傷口會流血,但卻還是喜歡一點鑑識上的花招,例如專家拿出只有十億分之一機會吻合的 DNA 證據時,那種「逮到你了!」的瞬間。仔細想想,這跟我們的祖先想從死人口中套出話來也沒有那麼大的不同,只是在今日,那訊息是以一種比較科學的形式呈現。

　或許,死亡會點燃我們的想像、使我們無法完全客觀地思考眼前的證據,也不令人意外。畢竟,死亡仍是那最大的未知。

如果鞋子漂起來⋯⋯

卑詩省漂浮的人腳

2007 年 8 月 20 日，一名 12 歲女孩在加拿大卑詩省傑迪代島（Jedediah Island）的海灘上看到一隻大大的藍白色跑鞋——是男性的 12 號尺寸。她往鞋子裡看，發現了一隻襪子。再往襪子裡看，結果發現了一隻腳。

六天後，在不遠的加比奧拉島（Gabriola Island），一對正在海邊健行的溫哥華夫婦撿到了一隻黑白色的 Reebok 跑鞋。裡面也有一隻分解中的腳，而且也是男性尺寸的 12 號。這兩隻腳很明顯屬於不同的人，因為不僅兩隻鞋子不同，而且裡面裝的都是右腳。

警察十分震驚。「這麼短時間內連續出現兩個案例，十分可疑，」加拿大皇家騎警隊的蓋里・考克斯（Garry Cox）告訴《溫哥華太陽報》（Vancouver Sun）。「找到一隻腳就像是百萬分之一的機會，但找到兩隻簡直瘋狂。我是聽過有人長了兩隻左腳，但拜託一點。」（譯注：英語的「兩隻左腳」是形容人跳舞跳得笨拙。）

隔年，鄰近的加拿大海灘又出現了五隻腳。這些發現讓民眾的恐懼升高，媒體的猜測也白熱化。難道有連續殺人犯在逃？他對腳有特別的厭惡嗎？

在接下來的 12 年間，共有 15 隻腳被沖上溫哥華島一帶被沖上岸，這個地區是一片複雜的水路，統稱薩利希海（Salish Sea）。另外還有六隻腳出現在這片海域南端的普吉特峽灣（Puget

Sound），屬於美國境內。除了有一隻腳穿著老舊登山靴以外，其他的腳都穿著跑鞋。這些穿著跑鞋的腳變得出名，甚至擁有自己的維基百科頁面。有名了之後，騙局也隨之而來：惡作劇的人把雞骨頭或狗腳的骨骸裝進鞋子裡，沿著加拿大海岸亂丟。

很多人打電話給警察，對這些腳的來源提出各式各樣的理論。「我們得到一些非常有趣的線報，有些關於連續殺手，有些是說有滿載非法移民的貨櫃沉在海底。外星人——沒錯，也有外星人，」蘿拉・亞茲德安（Laura Yazedjian）說，她是法醫人類學家，在卑詩省驗屍官服務（British Columbia Coroners Service）擔任人類辨識專員。「偶爾還有靈媒。事實上，幾乎每一次都會有靈媒打電話來說要提供協助。」

但這類神祕事件需要的是科學調查而不是犯罪調查（或靈媒）。事實上，科學可以回答所有明顯的問題——例如為什麼沖上岸的只有腳而不是整具屍體？為什麼會出現在卑詩省這一段特定的海岸？但處理這些問題的研究工作一點也不簡單。為了了解這些腳為什麼出現在那裡，我們必須往某些意想不到的方向追蹤，從沉沒的科學、豬的分解到漏油事件的擴散都有。

首先，我們必須了解屍體進入水中後會發生什麼事。所以讓我們跟隨海中屍體一起冒險。

一旦進入水中，屍體的第一步不是浮起來就是沉下去。這是非常關鍵的一步，因為它會決定接下來的事。漂浮的物體會被風和表層洋流帶走，可能很快就被沖到岸上。反之，下沉的物體可能待在原地，或被較深層的洋流拖往不同方向。再者，漂浮的屍體暴露於空氣中，和沉沒屍體的分解方式不同，腳部也會有不同的命運發展。

　　你可能會認為，溺死的人會下沉，因為肺裡充滿了水，否則本來充滿空氣的肺就會讓屍體浮起來。但事實沒這麼單純。美國三軍病理學院（Armed Forces Institute of Pathology）的多諾修（E. R. Donoghue）使用 1942 年蒐集的數據處理這個問題，並在 1977 年發表了〈人體的浮力：98 人研究〉（Human Body Buoyancy: A Study of 98 Men）。這 98 人是「年齡介於 20 到 40 歲間的健康美國海軍男性」。每個人都被放到水面下測量體重，先是在肺中充滿空氣的條件下測量，隨後盡可能排除肺中所有空氣再測量一次。肺裡沒有空氣還要在水裡量體重，實非簡單的任務——但這些人畢竟是海軍健將。

　　當肺裡充飽空氣時，所有的人都浮在水上。但一旦把肺裡空氣排空（死人應是這種情況），多數人在淡水中會下沉，只有 7% 會漂浮。然而，人體在海水中卻比較容易漂浮：多諾修估計，如果是裸體死在大海中，69% 的海軍健將會漂浮起來。不過那已經是臨界點了：只要增加一點點重量，例如穿著沉重的衣服或肺中有水，就可能讓身體沉下去。最後，數據暗示整體而言，屍體更可能下沉而不是漂浮，而溺死的人又最可能下沉。

　　更有甚者，屍體一旦下沉，往往就會直接沉到水底。有時候，水底的屍體會膨脹，就像陸地上的屍體一樣，讓它浮出水面。不過驗屍官服務的調查員亞茲德安說，這種情況不一定會發生。在很深的湖泊或海洋，屍體也可能永遠不會浮上來。不只因為深水處的低溫會抑制腐敗，龐大的水壓也會阻止氣體膨脹然後讓屍體浮起來。反之，在那裡會發生不同的微生物過程，把沉沒的屍體組織轉變為脂蠟（adipocere），也就是「一種質感像蠟、像肥皂的組織，」她說。脂蠟可以維持許多年，在低氧環境中甚至可達幾百年。

而亞茲德安檢查來自薩利希海的腳時，看到的正是這種情況。這些腳覆蓋著脂蠟，顯示屍體沉沒了，在海底慢慢腐化。這可以解釋身體的其他部分哪裡去了：沉到了海底，而且依然在海底。

但為什麼這些腳沒有像身體一樣留在海底呢？

要了解腳如何脫離身體啟程航行，我們必須先知道人體在水下可能的分解過程，以及腳部是否比較容易斷開漂走。科學家在美國幾個鑑識研究地點研究了人類屍體分解的過程，但這些都在陸地上，還沒有人把屍體浸入海中研究。

但我們的調查並沒有中斷。2007年夏天，西門菲沙大學（Simon Fraser University）的鑑識科學家蓋兒·安德森（Gail Anderson）為加拿大警察研究中心（Canadian Police Research Centre）執行一項研究，了解遭到凶殺的被害者在海洋中分解的速度有多快。因為研究倫理不允許使用人體進行研究，她用的是死豬。在鑑識研究中，豬常被用來取代人體，因為牠們的體型與人大致相似，生物學上也相當接近。

更棒的是，安德森進行研究的地點在薩利希海，距離前述第三隻人腳在六個月後被發現的地點不遠。她的研究團隊把死豬投入海中，而死豬很快就沉到94公尺深的海底。接下來發生的事情就不太美妙了。安德森記錄，豬的屍體很快被大群騷動的蝦、龍蝦和唐金斯蟹（Dungeness crab）吃掉，先從「預期的部位，也就是肛門和口部」開始。就像一頓紅龍蝦吃到飽自助餐，只是這回的食客是紅龍蝦，來復仇的。

在那之後，安德森又把更多死豬放入更深的喬治亞海峽（Strait of Georgia），這是薩利希海一條主要的海道。他們發現有些時候，食腐者不到四天就能把豬屍啃成白骨。

　　那麼腳呢？原來，甲殼類之類的海中食腐者會沿著骨頭和其他堅硬的障礙物取食，偏好把較軟的組織拆開。大腿連到髖部的球窩關節是由堅硬的骨骼構成，但組成我們腳踝的卻不同，大多是柔軟的材料，主要是韌帶和其他結締組織。所以，薩利希海中穿著鞋子沉沒的屍體有可能被食腐者啃咬，然後沒多久，腳部就跟身體其他部分脫離了。

　　而正如亞茲德安告訴我的，薩利希海的腳與身體分離的原因看起來都是自然過程，例如食腐行為和分解作用。她警告：「請不要稱這些腳為『切斷的腳』。」她解釋：切斷意指有人把它切下來，而法醫服務在這些骨頭上不曾找到任何被切過的痕跡。

　　此外，穿著過去十多年間生產的跑鞋的腳，幾乎可以肯定會浮起來。不只因為氣墊跑鞋變得普遍（在薩利希海找到的鞋子當中確實就有這種鞋），而且在那段時間，鞋底採用的泡棉也明顯變得更輕，含有更多空氣。換句話說，鞋子是會浮的。

所以，我們現在有了海中的腳，穿著跑鞋，準備好要啟程。但為什麼是薩利希海？如果腳本來就比較容易從屍體脫離，為什麼不是各地的海灘都散布著零落的腳？

　　對於東西為什麼會來到薩利希海的某些地方，或許沒有人比派克・麥克萊迪（Parker MacCready）更清楚了。他是西雅圖華盛頓大學（University of Washington in Seattle）的海洋學家，建立了美國西北環太平洋地區海岸的 3D 電腦模型，包括薩利希海地區。他說：「它很真實，潮汐、風、河流和海洋條件都是真的。」這個模型稱為「活海」（Live Ocean）。我們一邊通電話，一邊在他的網站上看著模擬進行：根據當天的天氣和潮汐，顏色明亮的水體在地圖上晃動。

　　麥克萊迪利用模型來預測漏油事件發生時，油汙在接下來三天會怎麼移動。模擬中，假想的漏油事件發生在西雅圖和塔科馬（Tacoma）附近。我們看到黑色斑塊出現，然後立刻開始向北流往普吉特峽灣，乘著七彩的渦流前進，不同顏色代表不同鹽度的水流。沒多久，黑色的斑塊就分裂成細線和小點，隨著潮汐和水流往各個不同的方向移動。

　　結果，「活海」為這個謎團揭露了一個重要關鍵——為什麼有這麼多腳被帶到此處。答案：薩利希海擁有困住腳的完美條件。

　　所有理由都說得通了。首先，這是個特別大又複雜的內陸水體，具有陷阱的作用。正如麥克萊迪的模型顯示的，物體一旦進入水中，就有可能在許多不同的地方被沖上岸——但仍舊在薩利希海的範圍內。其次，這裡的盛行風是東風，容易把物體從海洋中帶進來，而不是推入大海中。最後，有一樣東西沒有呈現在麥克萊迪的模型裡，但他特別指出來。美國西北環太平洋的海灘上有很多人穿跑鞋，其中有很多人選擇在滑溜的岩石上健行。把這些因素全部加起來——再加上冰冷的深水和健全的食腐者族群，薩利希海就成了理想的人腳磁鐵。

不過，薩利希海之腳的主人又是誰？調查員最先看的是失蹤人口報告。驗屍官服務已經把每隻腳的 DNA 和卑詩省超過 500 名失蹤者的資料庫進行比對，也和加拿大在 2018 年啟用的「全國失蹤人口 DNA 計畫」（National Missing Persons DNA Program）比對。

　　透過 DNA，研究團隊已經把其中九隻腳和七位失蹤者連繫起來。（有兩人兩腳都被找到，多數人已經失蹤超過一年。）時間最久的失蹤者是在 1985 年消失的，他的腳是 2011 年被找到、穿著登山靴的那隻。最近的案例屬於 2016 年失蹤的一個年輕人，根據

建檔資料，他的腳在 2019 年出現在普吉特峽灣的一個島上。

卑詩省驗屍官服務的報告指出，目前為止這些加拿大案例都不是凶殺。有些例子很明顯是意外或自殺，例如有一名女子是從橋上跳下去的。有些例子的情況就比較模糊了。2019 年腳出現在普吉特峽灣的那個年輕男子，美國警方說他們無法排除自殺或他殺的可能。而至於那些沒有目擊者的失蹤者，單從一隻腳實在很難推測出死因。

在本文寫作完成時，卑詩省還有五隻腳尚未鑑定出主人。

不用懷疑，一定會有人很失望西北環太平洋的岩石海岸上沒有一位連續殺人犯出沒。雖然《漂腳之謎》（*The Mystery of the Floating Feet*）會是很棒的片名，但這應該不會變成一部 Netflix 原創紀錄片——尤其當製作人發現影片的大部分鏡頭都會是螃蟹拖著豬內臟在海床上走來走去，而不是連續殺人犯的高中畢業紀念冊照片時。

這也是沙發上的 CSI 迷和真正的鑑識科學家的不同之處：科學家想知道的是正確的答案，就算答案很平凡無奇。但仔細想想，自然竟然會給我們送來線索，讓我們得以解開懸案，其實也挺讓人興奮的。就算事隔多年，失蹤者也可能被找到，死因獲得調查，而這全都是因為腳的生理學、食腐者的行為和製鞋科技的獨特結合。

有時候，只要我們願意、有耐心、勇於追隨，這類意料之外的線索就會把我們帶到我們從未想過的地方。而且有時候，這些線索還穿著跑鞋。

第二部

真噁心

科學詭案調查局

蟲蟲自助餐

為什麼我們應該吃昆蟲，卻沒那麼做

「昆蟲美饌之夜」一個人要 50 美元，如果加兩杯酒精飲料則要 60 美元。這場活動是 2018 年「吃昆蟲研討會」（Eating Insects Conference）的高潮。在這場為期三天的研討會中，科學家和食用昆蟲業界齊聚一堂，分享研究成果、大啖蟲子。不出所料，這場活動座無虛席。

超過 50 名饕客引頸期盼這場不尋常的晚宴：撒滿螞蟻的雞尾酒蝦、拌入紅龍舌蘭蛾幼蟲（gusanos）的酪梨醬，還有頂上裝飾著虎頭蜂的巧克力慕斯。廚師宣布晚餐準備有些延遲，因此眾人在喬治亞植物園的宴會廳裡隨意走動，喝著喬治亞州啤酒廠牌 Creature Comborts 的罐裝啤酒。

第一道菜終於上場：爆米花混墨西哥蟋蟀（chapulines）。服務生把好幾大盤塑膠杯放在自助餐檯上，人人相爭搶奪。這種蟋蟀比我想像的小隻，呈油亮的深褐色，看不到半隻腳或觸鬚。牠們有點像脆糖堅果，只是看得到小小的臉。這是我有生以來第一次吃昆蟲。我先嚼了幾顆爆米花，自我心理建設一下，然後把一隻蟋蟀塞進口中。爆米花是個完美的引子，因為蟋蟀的口感幾乎一模一樣：酥脆而有咬感，但不會太硬。嚼起來主要是調味料的鹹味，並帶點烤過的感覺。

雖然報導「噁心」的主題已有多年，我卻一直逃避吃蟲，因此參加這場盛宴是為了給自己一點挑戰。這次經驗因為有了冷靜

的同伴在場而變得比較輕鬆，包括我先生傑伊，還有同是《科學新聞》科學作者的好友蘇珊‧麥里斯（Susan Milius）。（麥里斯長年吃素，她只願意破例吃動物這麼一次——但僅限於六隻腳的種類。）

　　整個研討會的論點是我們應該多吃昆蟲，因為牠們很營養、環境永續，而且——正如這場晚宴想要證實的——非常好吃。但研討會上還是有個揮之不去的陰影：噁心。對地球上大約 50 億不曾吃蟲長大的人來說，吃這種具有外骨骼的動物就是噁心。

　　噁心是種棘手的特質。我們全都知道它是什麼感覺，但發生的情境和程度又各有不同。這種情緒困惑著一代又一代的學者：它究竟是本能還是學來的？是先天的還是後天的？而就和生物學上的許多議題一樣，答案是兩者兼具。

　　有些東西幾乎每個人在超過兩歲以後都會感到噁心：糞便、寄生蟲、流膿的傷口。我們感到厭惡時的表情也幾乎一模一樣：在世界各地，你都可以從皺起的鼻子和下彎的嘴角知道那個人正感到厭惡。而當某樣東西實在令人噁心時，我們會本能地想把它排出自己的身體，閉嘴、憋氣、閉眼、吐舌。

　　但有些厭惡的現象則只限於特定文化，和食物有關時尤其如此。世界上每個國家都有各自喜愛的半腐臭食物，例如發霉的陳年起司，或是各類發酵食品。「發酵鯊魚肉」（hakarl）被譽為冰島的代表性美食，但冰島以外的人卻避之唯恐不及。

　　近年來，研究者試圖解釋什麼是厭惡感，以及為什麼會產生厭惡感，例如心理學家保羅‧羅津（Paul Rozin）和公共衛生科學家瓦樂莉‧寇蒂斯（Valerie Curtis）。首先你必須能夠測量厭惡的強度，目前已經有幾種衡量的方法。第二，你必須找出讓人厭惡的是什麼東西，以及這些人感到厭惡的程度是否真像他們說的那

麼高。這正是羅津在 1999 年透過 28 項厭惡感任務實驗想要解答的問題。

　　一開始還算輕鬆：自願參與的學生被問到他們是否願意觀看、用指尖接觸，最後用嘴唇接觸一片玉米片。但下一個測驗的噁心指數就急速攀升：是一隻消毒的死蟑螂。參與者不能只以口頭表達意願，如果願意，就必須以行動表示。從這裡開始，實驗就急轉直下。實驗者拿出各種考題，從 4.5 公斤重的袋裝狗糧（7% 的學生吃了一塊）到沒用過的衛生棉條（31% 的人把一端放入口中）到一頂貨真價實、有納粹符號的納粹軍官帽（44% 的人戴上了）。

　　至於吃蟲，相對於願意把一根針插進真的死豬頭上的眼睛裡的人數（21%），願意用嘴唇碰觸一隻活麵包蟲的人不到一半（9%）。這確實在某種程度上說明了食用昆蟲產業面對的挑戰。

　　從演化的觀點來說，噁心感源自於我們對可能致病的事物的反感。所以不僅體液被認為噁心，圍繞在垃圾和腐敗之物週圍的昆蟲（如蒼蠅和蟑螂）也被認為討厭。同樣的道理也適用於寄生蟲，例如蝨子。

　　人類從這些實際的根源出發，擴展了這種概念，因此不只畫面、聲音、氣味可以令人嫌惡，甚至任何在道德上令人反感的事物也可以是噁心的。在一項調查中，荷蘭女性列出的噁心之物除了嘔吐物和黏黏的東西之外，還有政客。就我們所知，人類是唯一把厭惡感發展到這種程度的物種——這也解釋了為什麼我們是唯一具有禮節概念的物種，因為禮節可以避免人與人之間產生嫌惡感。也因為有禮節，我們生活在龐大而複雜的社會中，卻仍能在多數情況下安然共處。

　　本質上，噁心的感覺讓我們更像人。

後來發現，我自己對吃昆蟲的嫌惡程度在美國人之中不算不尋常（只要不會爆漿，就願意小心嘗試），也符合統計上的預測。食用昆蟲產業的研究把典型的吃蟲西方人（或至少願意嘗試的人）鎖定在受過教育、20 到 40 歲間、關心環境的都會人。

如果我是男性，或許會更來勁一點。研究顯示，男性比女性更願意嘗試六隻腳的零食，這也符合一般的厭惡感研究：整體來說，評估事物的噁心程度時，男性給的分數比女性低。羅津調查超過 500 名美國人和印度人吃各種昆蟲的意願，結果發現美國人和印度人沒什麼不同，但性別間的差異卻十分明顯。平均而言，兩個國家的女性都說她們只有在生死關頭才會吃整條消毒過的蟲。男性雖然沒有大力支持吃蟲，但平均答案是「可能會吃」。

然而在吃昆蟲研討會上，沒有人露出嫌惡的表情，男男女女都縱情大吃。每次服務生送上新的菜色，饕客便湧上自助餐檯搶奪食物。有一次，我不禁瞪大眼睛、倒抽一口氣，因為我看到一位女士把一大堆蟋蟀裝進她的飯碗，夾走了現場將近四分之一的蟲子。她還真敢！

沒多久，更多菜色出現了，展示著美國市場上可供你下次辦派對使用的昆蟲菜單：紅龍舌蘭蛾幼蟲（也就是龍舌蘭酒中浸泡的蟲）、織巢蟻、白蟻、黑蟻。我取了一些，撒在一張褐色紙巾上，拿到一張餐桌邊，給食用昆蟲販賣商「蟲感公司」（Entosense, Inc.）的比爾・布羅德本特（Bill Broadbent）鑑定。然後，我就可以一一品嘗各種昆蟲了。

結果，螞蟻因為蟻酸而帶有的萊姆香氣相當不錯。其次是白蟻（小而有核果味）和織巢蟻。織巢蟻有一種乾澀味，我先生覺得像紙箱。（如果有一種「蟲之精華」香水，那麼應該就會是那種乾澀味。）

　　好消息是，菜單上完全沒有會爆漿的昆蟲，真是謝天謝地。布羅德本特說：「大部分都是完全乾燥的。」他指的不只是這頓晚餐，還包括市場上大部分的食用昆蟲。他解釋，亞洲和其他地方進口的昆蟲必須是保藏食品，才能通過美國農業部的規定──而以昆蟲來說，最常用的方式就是乾燥。這也比較迎合美國口味，因為比起酥脆口感，軟軟的或黏黏的口感被認為比較噁心。

　　接著，蠶蛹上桌：這是一大塊鷹嘴豆炸餅，淋了一層咖哩醬，還有一點黃色彩椒。我從咖哩醬中拉出一枚褐色的蛹，仔細觀察──真是失策，因為離開了炸餅的蛹沒有比較好看。它超過兩公分，身上有許多環節，像是長得太大隻的鼠婦。

　　在我內心交戰之時，這個蠶蛹漸漸冷掉。但我來這裡就是為了挑戰，所以還是吃了。或許因為口感較軟，又或許它的蟲樣更明顯，這是這頓飯裡我唯一無法吃完的東西。後來當廚師喬瑟夫・尹（Joseph Yoon）經過，問我們是否喜歡他的作品時，我不自覺地歪過身子，擋住那份只吃了一半的咖哩。

　　此時我自覺已經嚼夠了蟲子，正想偷偷剔掉齒縫間的昆蟲外骨骼時，研討會主辦人瑪麗安・蕭克利（Marianne Shockley）在我身邊坐下來聊天。蕭克利有著一頭蓬鬆的褐色捲髮和具有感染力的笑聲，不難理解她為什麼是喬治亞大學昆蟲系大眾推廣上的祕密武器。如果她愛蟲，你也會想要愛蟲。

　　蕭克利說她每週會吃蟲四到五次，至少有一次是昆蟲全餐。她說，為小孩準備加入蟋蟀粉的現打綜合果汁，讓她覺得自己「是個好母親」。我不自覺地點頭，彷彿我也正想給自己做一杯蟋蟀綜合果汁似的。

　　第二天晚上，我和好友蘇珊交換心得。我給她一些黑水虻幼蟲，她拿起一隻，仔細觀看，然後認真地把牠一口咬成兩半。她

邊嚼邊想。「這樣的經驗不算不愉快，」她說。這句話總結了我們對吃蟲的感覺。我們沒辦法說自己非常喜歡，但整體而言，可以說並不討厭。

研討會結束時，我至少已變得「希望自己想吃蟲」。吃蟲似乎是件正確的事，畢竟有許多好心人努力讓吃蟲成為一件既安全又有永續性的事。科學家測試環境衝擊、測量營養成分，甚至考慮吃蟲對腸道菌的影響。養殖者和販賣者正在尋找讓昆蟲更好吃的方法，也進行有機養殖。甚至有一位女士談到她的機構正在幫助剛果民主共和國的孤兒院，讓他們養殖自己的棕櫚象鼻蟲幼蟲。剛果民主共和國有將近半數的兒童因為營養不足而發育不良，而象鼻蟲在那兒已經成為受歡迎的食物。

只是，要突然對昆蟲改觀並不容易。無論牠們對我們和環境多麼健康，西方人仍不太可能只因為邏輯上說得通就開始欣然吃蟲。昆蟲必須脫掉那層令人不舒服的外骨骼，在人類眼前以某種方式蛻變。（龍蝦已經成功，所以可能性還是存在的。）

若真如此，我認為，與其把看不出蟲樣的碎片混入蛋白能量棒裡，像尹大廚那樣的美饌經驗更能把吃蟲推向主流。然而目前蛋白棒卻是最常見的選擇。異國情調的誘惑才能讓我們好奇到不可自拔──例如辣味鹹酥蟋蟀，或據說嚐起來像煎培根末的酥脆白蟻。

畢竟，噁心感或許很難克服，但也不是無法動搖。一如我們在接下來的篇章中會看到的，最讓人著迷的，常常就是那些最讓人噁心的東西。例如我從未想過自己會對堵住下水道的東西如此著迷，但撰寫關於油脂和垃圾如何在都市底下長成巨大怪物的報導時，我卻想要親眼看一看。

同樣地，如果你發現自己很享受閱讀關於人體體液和發臭東

西的故事，也不用太驚訝。（誰知道？你說不定會找到在派對中跟人聊開的話題。）首先，我們會測試你的耐受度，深入研究我遇過最噁心的食用昆蟲：蛆。牠們可是餵飽世界的明日之星——雖然你第一次吃到用蛆做成的食物時，應該根本不曉得。而咬下第一口正是最大的挑戰。

蛆的農場

蠅蛆如何爬進我們的食物鏈

除了駕駛一部巨大的福特 F-250 皮卡車，傑夫‧湯伯林（Jeff Tomberlin）看起來並不特別像個農夫。他戴著一副時尚的黑框眼鏡，下面是不太時髦的蓬亂鬍子。話說回來，湯伯林養殖的是蛆，而養蛆農該是什麼樣子也很難說。（根據我有限的範本，他們穿著藍紫色毛背心，駕駛大卡車時會聽 1980 到 90 年代的硬式搖滾。）

湯伯林散發著一種樂觀的自信，或許在對陌生人解釋他將事業投注於蠕動的蒼蠅寶寶時，那種萬事有我就搞定的精神會很有幫助。他的興趣始於死人身上會出現的那類蛆，他也因此成為北美僅有的二十幾名經過認證的法醫昆蟲學家之一。（這一票科學家專攻屍體上的昆蟲，而蛆是他們主要的工具。）如今，除了協助解決凶案——包括提出重要證詞，讓一名拉斯維加斯女性洗清嫌疑，因為受害者身上沒有蛆——他還管理一間專門研究黑水虻的實驗室。他也管理蠅蛆養殖公司「EVO 轉換系統」（EVO Conversion Systems），指導其他公司如何利用有機廢棄物來飼養黑水虻幼蟲，這些幼蟲又可成為雞、牛、魚和其他畜產的營養食物。

湯伯林讓蠅蛆養殖看起來十分尋常，而且極端務實。這投合了他對效率的愛好，而他的這份愛好比多數人更強烈許多。（他的電子郵件收件夾裡只有四封信——沒有更多。）喬治亞州的「吃蟲研討會」過後幾個月，我到德州的大學城拜訪他。顯然，在那

些養殖蠅蛆作為食物的人當中，他算是某種名人，而且他的支持者人數還在成長，因為黑水虻幼蟲在昆蟲養殖者之間是熱門話題，而由於需求增加，美國和世界各地的蠅蛆農場也紛紛興起。

黑水虻是黑色的蠅類，體型修長，有點像胡蜂，擺動的觸角有點粗壯，翅膀泛著美麗的虹彩藍色。牠的外觀和行為和家蠅完全不像。「你絕對不會在家裡看到這種蟲，」湯伯林說。我們正窺視著一個飼養箱，裡面有成千上萬的黑水虻，牠們正忙著交配、在切開的紙板波浪狀的表面上產卵。牠們似乎對人類沒有興趣，也不怕人。

吸引牠們的是腐敗的東西。在為時約兩週的成蟲期，黑水虻的主要任務就是交配。如果是雌性，會把卵產在腐敗的東西上或附近，這樣蛆寶寶就可以有豐沛的發爛食物或糞肥可以取食。這是蠅蛆養殖永續性背後的基本想法：只要餵食價格低廉的食物廢棄物（人類每年的產量達驚人的 13 億噸），牠們就可以把自己轉變為便宜又具環境永續性的原料。這，就是蛆的神奇魔法。

在中國，這種幼蟲的產量已經以噸在計算，而湯伯林的諮詢服務也炙手可熱。中國的蠅蛆養殖提供飼料給各種水產，從養殖魚類到蛙類到鰻魚，而這些水產又協助餵養全國 14 億人口。

事實上，如果可以忽視噁心的因素，食用那些吃蠅蛆的動物是有道理的。美國的農地約有三分之一用來餵養牲畜，為環境帶來沉重負擔。昆蟲成長所需的土地和水則少得多，因此是較具永續性的替代選項。

那麼，直接把黑水虻幼蟲餵給人類又如何？畢竟，比起把牠們餵給動物、人再吃那些動物，這樣不是更有效率嗎？的確，湯伯林說。「但要說服人吃蟲很自然、對你和對環境都有好處，挑戰比較大。」當然，還有噁心的因素存在。我發現「蛆」這個字本

身就像是一種障礙。但想想,「幼蟲」也沒有好到哪去裡。「『蛆』這個字有負面聯想,這是最困難的部分,」湯伯林承認。

不過,既然蟋蟀能找到方法進入營養棒,湯伯林認為黑水虻幼蟲也可以。「其實我認為牠們比蟋蟀更好,但我偏心,」他說。他形容這些幼蟲新鮮時吃起來綿密柔滑,有如奶油,因為油脂含量豐富。「我是這樣看的:這就像品酒——有些人能夠鑑別出高級紅酒和普通紅酒的不同。也許同樣的情況也適用於昆蟲。」他說。

那天上午拜訪過湯伯林之後,我來到「調查昆蟲科學鑑識實驗室」(Forensic Laboratory for Investigative Entomological Sciences,縮寫就變成 FLIES,簡直絕妙)。這裡由許多小型白色建築加上一座裝滿了蠅類飼養箱的溫室組成,位於德州農工大學校園裡一個不顯眼的區域。相較於步行幾分鐘之遙的昆蟲系六層大樓系館,這裡像是園丁存放維護校園美麗草坪的工具的地方。

帶我參觀蠅蛆養殖設施的導遊是博士後研究員強納森·康馬克(Jonathan Cammack),還有研究生切爾西·米蘭達(Chelsea Miranda)。當他們帶我步入蠅蛆實驗室,我立刻了解為什麼其他的昆蟲學家會要求湯伯林把蛆養在一段距離之外。因為很臭。

「那個特別的氣味是什麼?」我問米蘭達,那時我們正走進一個房間,牆上排著許多大袋子,袋子上標著「飼料」。

「腐敗物,」她說。不管是動物還是植物,任何有機物質被細菌分解時,都會產生那幾種容易辨認的化學物質,包括腐胺(putrescine)和屍胺(cadaverine),聞起來的氣味就和名字一樣。另外還有吲哚(indole),是色胺酸這種胺基酸分解的產物,同時也是 FLIES 實驗室的研究主題。濃度低時,吲哚會帶來茉莉花和橘子花的濃郁氣味,但濃度高時,你就會認出它是大便裡的主要氣

味之一,而這氣味讓蠅類趨之若狂。

那麼實驗室裡的吲哚/腐胺/屍胺混合起來的氣味是什麼樣子?我能想到的最貼近的形容法,是糖醋排骨在穀倉裡爛掉的氣味。當我提起這個比喻時,她說:「今天聞起來比較酸。」有些日子聞起來比較甜。

康馬克帶我進入一間又小又熱的恆溫室,蠅蛆就住在裡面。從地板直達天花板的金屬架子裡擺滿大型塑膠盤,盤中的蠅蛆正在吃分解中的啤酒釀造廢棄物,也就是釀過啤酒後剩下的大麥等穀物,這也是酸味的主要來源。釀酒者把這些剩餘物稱為啤酒粕,主要成分是纖維。但蛆吃它時會同時進行生化魔法,把纖維變為日漸成長的身體中的脂肪和蛋白質。

事實上,EnviroFlight 的總裁兼執行長庫特索斯(Liz Koutsos)說,黑水虻幼蟲的蛋白質含量和雞肉一樣多。EnviroFlight 是一間把蠅蛆變成飼料和肥料的公司,產品包括家禽和鮭魚飼料,也正在研發以蠅蛆為基礎的寵物食品。

所以,蛆正一點一點逐漸鑽進我們的食物供應鏈中。目前牠們大多仍以穀物等傳統方法餵食,但終極的蠅蛆養殖——你可以說是蠅蛆養殖的聖杯——是餵給牠們垃圾:糞肥或原本會被丟棄的有機物。我看得出這很迎合傑夫·湯伯林對效益的高度興趣,因為在整個過程中,沒有一樣東西會被浪費。

我們在蠅蛆實驗室的目標,是從飼養盤裡收集 1200 隻蛆,大約是100 公克。然後康馬克會把牠們冷凍起來,送去給合作者,讓他們分析成分:脂肪、蛋白質和其他物質的含量,這會決定把蛆混入其他飼料時的理想分量。

當我問為何不餵給動物 100% 的蛆時,康馬克告訴我,這些幼

蟲的蛋白質和脂肪含量其實太高，不適合作為多數牲畜的單一飼料。他說：「那會像吃士力架巧克力一樣。」

康馬克拉出一個白色盤子，我往裡面看。我預期會看到蠕動的米粒般的東西，但實際看到的卻是潮溼、不蠕動的褐色東西，有點像放在戶外的鳥食被大雨淋溼後的樣子。他向我保證，每個盤子裡都有多達一萬或一萬兩千隻蛆，但牠們通常會往下鑽到食物裡，躲開光線，待在潮溼陰暗的地方。

米蘭達利用這種習性來把穀粒和蛆分開。戴上亮藍色手套後，她用手把表面刮除掉薄薄一層，然後整個表層忽然就充滿了萬頭鑽動的蛆，急著往下鑽。米蘭達耐心地一次次刮除表層，驅策著蛆往底部而去，最後她就可以一次採集一大堆蛆，然後平分給我們三人。

我們開始安靜地把一隻隻蛆撿起來，放到透明塑膠容器裡，這種容器看起來不知怎麼地很像裝酸辣湯的外送碗。事實上，這真的是同類型的碗，是從餐飲用品供應商那裡買來的。這又增強了我對氣味的噁心感。現場的氣味已到了滿滿一整垃圾箱的糖醋排骨在穀倉裡爛掉的程度。

但這還遠遠不及這些科學家為了確保食物永續供應而忍受過的最噁心的事。「撿幼蟲時，你都在想些什麼？」我問。「這要看牠們的食物基質是什麼，」米蘭達說。「如果是糞肥，我有時會想：我為什麼要來做這種事？」她告訴我，兩週前她有過一次懷疑人生的時刻：當時她把一盤雞糞往實驗臺上一放，結果濺到了自己的臉。「那時我有了那麼一個小小的頓悟，就是，這真的爛透了。」

米蘭達一開始學的是獸醫學，所以在以牲畜糞便飼養黑水虻幼蟲的實驗上，她是很理想的人選。現在她用家禽、豬和乳牛的

糞來養蛆。她說最糟的絕對是雞糞,因為她必須爬到下蛋母雞的籠子底下,在雞糞如雨般落下時用桶子接住。「你必須跪在籠子下面,身上也會沾到。而那裡的空間只有一公尺,所以身體必須一直彎著。」

「你真勇敢,」我說。

「也是啦,」她說,但很快又補充,她喜歡自己的工作(糞跑到臉上時除外),尤其喜歡蠅——這很好笑,她說,因為她怕蟲。「等一下,」我說。「你是個怕蟲的昆蟲學家?」

「任何會咬人或叮人的東西,」她說。(幸好,黑水虻不會咬人。)

在米蘭達戴著藍色手套的手上,一隻蛆在燈光下蠕動,頭那邊有一個針尖般的東西,是不具威脅性的小巧口器。牠完全不可怕。然後我發現一件令人驚訝的事:你愈是看著蛆,牠們就變得愈不噁心。

我想,就和所有陌生的異國食物一樣,一切都和熟悉感有關。畢竟,薩丁尼亞人認為爬著蛆的卡蘇馬蘇起司(casu marzu)是傳統美食。至於我們其他人則必須在食物鏈上一次一步慢慢來。

臭得好

為什麼聞臭東西會有特別的快感

巨花魔芋（corpse flower）的氣味十分濃烈，像腐魚、下水道汙水和屍體混合起來。這種惡臭是要引誘蠅類用的，但也吸引了觀光客。2015 年在芝加哥一個暴風雨的夜晚，好幾千人在芝加哥植物園排起了長長的隊伍，只為了嗅一嗅一朵高 140 公分、名為「愛麗絲」的巨花魔芋之花。

事實上，想要看和聞這種植物（學名 titan arum）的需求如此之高，各植物園如今都爭相擁有一株。園丁不惜成本努力照顧，希望讓它長出更臭的花朵，因為它的氣味是如此稀有（開花間隔可長達十年）、如此短暫（8 到 12 小時），參觀者常因為錯過臭味的顛峰期而感到失望。

但為什麼人會想要聞這種東西？每個人的反應都一樣：期待，嘗試性地嗅一下，然後露出臉皺成一團的典型作嘔表情。但每個到場的人看起來都很高興。

結果這種現象竟然有個名字：良性自虐（benign masochism）。心理學家保羅・羅津（Paul Rozin）在 2013 年的文章〈愉快的悲傷及其他良性自虐的例子〉（Glad to Be Sad and Other Examples of Benign Masochism）描述了這個效應。他的研究團隊找到 29 種理論上不應該、但卻有人十分享受的活動。有許多是常見的樂趣：看恐怖片的恐懼、辣椒的辛辣、力道十足的按摩帶來的疼痛。有些則令人噁心，例如擠痘痘，或觀看噁心恐怖

的病理樣本。

羅津說，關鍵在於這種經驗必須是「安全」的威脅。「雲霄飛車是最好的例子，」他告訴我。「你其實是安全的，而且你知道這一點。但你的身體不知道，而這正是快感所在。」他解釋，嗅聞巨花魔芋是一模一樣的刺激。你聞著某種臭到可能真的會吐的東西，而你的腦卻可以開開心心地蓋過這訊息，說：「一切沒事！只是一朵花！」

瓦樂莉・寇蒂斯（Valerie Curtis）說，以這種方式玩弄我們自己的防禦功能，有點像小孩玩戰爭遊戲。她是倫敦衛生及熱帶醫學院（London School of Hygiene and Tropical Medicine）的厭惡感研究者。「『遊戲』帶領人類在相對安全的情況下嘗試體驗，因此在遇上真正的狀況時可以有較充分的準備。」

所以寇蒂斯推論，嗅聞巨花魔芋時，我們是在試探自己的情緒，和試車一樣。「我們會想要知道屍體聞起來是什麼樣的氣味，看看真的遇上時自己會有什麼反應，」她解釋。

而事實上，我們的噁心感確實有更大的目的。正如寇蒂斯在《別看，別碰，別吃》（*Don't Look, Don't Touch, Don't Eat*）一書中指出的，最普遍令人反胃的東西，碰巧也是可能讓我們生病的東西。你知道的——例如腐爛的屍體。

但我們的噁心感也很奇怪。多數人似乎都能接受自己的屁味——但別人的屁就不行。噁心感傾向保護我們免於他人威脅，而不是避開自己身上的噁心事物。

同樣地，同一種氣味化合物也有可能引起不同的反應。香水師都知道，某些氣味只有在劑量少時好聞。例如麝香是許多香水的後調，但濃度高時會被認為是臭味。吲哚也是，在茉莉之類的白花中可以找到少量，但濃度高時常被形容為糞味，甚至令人作

嘔。你可以透過一款名為 Charogne 的香水實際體驗＊，這個名字的意思是「腐肉」。自從 2007 年上市以來，它已經有了一些愛用者。

　　就我所知，還沒有人嘗試製作巨花魔芋香水。但可能性還是存在的，因為它的氣味說到底也就是一些化合物的混合體：吲哚、帶甜味的苯甲醇，以及三甲胺（腐敗的魚也有）。這種神奇的混合物可以透過「頂空氣體萃取技術」（headspace technology）達成。這種技術是香氛化學家羅曼・凱薩（Roman Kaiser）在 1970 年代的發明，方法是把花朵罩在玻璃瓶中，取得花朵氣味的各種分子，然後再調配這些香氣化學物質，重新製造出花朵的香氣。所以巨花魔芋香水是可能成真的——如果能找到夠大的玻璃瓶的話！

我自己最愛的「又愛又恨」的氣味源自我在 1980 年代的童年。在那個我喜歡草莓娃娃（Strawberry Shortcake）和刮刮香水貼紙的時代，我們班上的男生玩的是「太空超人」（He-Man）娃娃（好啦，是可動玩偶）。其中有個最酷、最噁心的角色叫臭鼬人（Stinkor）。他像臭鼬一樣黑白相間，而他唯一的超能力就是發出超級惡臭，讓敵人只能一邊作嘔一邊逃走。

　　為了讓他擁有特殊臭味，美泰兒公司（Mattel）在製作臭鼬人的塑膠裡加入廣藿香油，以確保氣味不會淡化（不像我的草莓娃娃）。這個味道和臭鼬人合而為一，而當然，小孩都愛死了他。在香水網站「後調」（Basenotes）上，莉茲・阿普頓（Liz Upton）描寫她和弟弟鍾愛的臭鼬人玩偶時，優美地捕捉了他獨特的吸引力：「這事情有點奇怪。臭鼬人聞起來很糟，但他那麝香般強烈

＊　我必須親自體驗，所以買了一份針管香水試試看。一開始，我覺得 Charogne 充滿花香——而它也確實含有百合、茉莉和黃葵（一種帶有麝香味的植物）。噴在身上一小時後，我開始覺得不好聞，但不會用腐肉來形容——比較像是開始枯萎的喪禮花籃。

的氣息奇妙地令人上癮，」她坦承。「當然，我們一次又一次地刮擦他的表面，聞了再聞，直到可憐的臭鼬人胸口開了個洞。」

如果你是那種想要親自聞聞臭鼬人的良性自虐狂，可以花 125 美元（或更多），買一尊復刻的收藏版——或者在 eBay 上找一個舊的。因為，信不信由你，原版的臭鼬人玩偶就算過了 30 年還是很臭。而且也還有人買。

我可以理解。研究過「腐肉」香水後，我開始對作者其他的不尋常作品也好奇起來。有些名字聽起來很讓人感興趣，但卻是以一種很負面的方式——例如「茉莉與香煙」，評論者形容它會讓人聯想到有錢的老菸槍。還有「1970 年代的不舒服」（Malaise of the 1970s，裡面確定含有廣藿香）。另外還有一款香水叫「我是垃圾」，加入了製作其他香水時產生的廢物，它的宣傳影片是一群蚯蚓在發霉的橘子皮上蠕動。真的很詭異——但我居然在掙扎要不要花 39 美元買一套試用樣本。

這個經驗讓我開始思考另一個讓我們渴望臭味或難聞氣味的理由：懷舊。對某些人來說，臭鼬人聞起來是童年的遊戲時光；對其他人來說，煙味聞起來像爺爺。這些情緒連結在我們腦中根深蒂固，因為嗅覺據說是與記憶連結得最為緊密的感覺。我自己最喜歡的香水都有很重的橘子花香（裡面也有一點吲哚）。只要嗅一下，我就彷彿立刻回到佛羅里達的一座果園中。在那裡，我曾坐在一棵樹的彎曲處吃著一個新鮮橘子，橘子汁沿著我的手腕流下來。

科學家把這稱為「普魯斯特效應」（the Proust effect）。在這位文學大師的小說《追憶似水年華》中，剛出爐的瑪德蓮蛋糕沾入熱茶的氣味，激起了敘述者一連串鮮明的童年記憶。神經科學家提出，這種效應來自腦中嗅球（也就是處理氣味的部位）的活

動，而嗅球直接連結海馬回和杏仁核，也就是腦中與記憶和情緒有關的部位。已經有一些實驗支持這個假說；2012 年荷蘭烏特列茲大學（Utrecht University）的研究者證實，氣味引發的記憶比聲音更強烈、含有更多細節，就算是不愉快的回憶也一樣。

所以，我們也許偶爾會從某種臭味（只要不是太噁心）聯想到某個快樂的經驗，例如為了聞巨花魔芋的氣味而去植物園的那趟旅遊。畢竟，一幅畫或許勝過千言萬語──但一種氣味卻能讓記憶保存一輩子。

精液的傳播

麗蠅如何影響犯罪現場

有時會有人問我：「你寫過最噁心的主題是什麼？」我的答案通常是：那要看你個人覺得什麼東西最噁心。因為每個人都是獨特的，同樣的東西不見得每個人都覺得一樣噁心。因此你可能覺得眼睛裡面有蟲最令人作嘔，另一個人卻可能覺得頭部移植最恐怖。

但你若問我最喜歡哪個噁心的科學實驗⋯⋯好吧，這我確實有答案。我選擇的是鑑識專家安娜麗莎・杜德（Annalisa Durdle）用人體體液來餵食麗蠅（blowfly）的實驗。事實上，蒼蠅對人類汁液的品味不僅是個讓人興奮的噁心主題，在刑事司法上也是出乎意料地重要。

如果你不熟悉麗蠅，且容我介紹一下——牠是死亡之蟲。這種具有光澤的大蒼蠅有奇特的能力，只要血液一濺出，或最輕微的腐敗氣息開始飄散，牠很快就會不知從哪裡冒出來。也因此，在血腥的犯罪現場，往往會發現一幫麗蠅在那裡嗡嗡盤旋。因此杜德不禁疑惑：既然那些蒼蠅在那裡做蒼蠅會做的事——四處亂飛拉屎，那牠們會不會汙染犯罪現場？

「有趣的是，蒼蠅屎看起來很像噴濺的血跡，」杜德說，她是澳洲迪肯大學（Deakin University）的鑑識科學講師。她解釋，昆蟲學家有時會因此被叫到現場，幫忙犯罪現場調查員鑑定那些斑點到底是血還是蒼蠅屎。

　　即使是專家，有時也很難分辨。事實上，我在鑑識科學研討會聽過一場演講，有個科學家鑑別血液和蒼蠅屎的方法是求助於掃描式電子顯微鏡，因為兩者常常無法靠斑點的顏色和形狀來區分。如果弄錯，把實際上是蒼蠅屎的斑點誤認為是人遭受攻擊時濺出的血，就會搞砸血濺型態分析。

　　區分蒼蠅屎還有另一個重要理由，就是裡面可能含有牠們享用過的人類體液裡的 DNA ——而那個人和案件可能有關也可能無關。「事實證明，你可以從單一顆蒼蠅屎裡取得完整的人類 DNA 圖譜，」杜德說。「我傾向稱之為屎而不是嘔吐物。」她澄清：「因為，就我的經驗，蒼蠅會吃自己的嘔吐物，然而留下來的大部分是屎——雖然牠們確實也會吃屎！」

　　麗蠅的確很噁心。但牠們真的可能因為取食人的體液而導致某人入罪嗎？為了求得解答，杜德必須知道麗蠅在犯罪現場可能會吃些什麼東西。所以她做了實驗，準備一頓犯罪現場自助餐來招待赤銅綠蠅（Australian sheep blowfly），菜色有志願者提供的各種體液——血液、唾液和精液，還有麗蠅在受害者家中可能會遇上的高蛋白、高碳水化合物美味零食：寵物飼料、罐頭鮪魚，甚至蜂蜜。

　　要蒐集這頓自助餐的食材，可得費一點功夫。志願者接受抽血、在試管中吐口水，而「精液的捐贈是由志願者透過自慰方式自行產出，裝在塑膠製的樣本採集容器中，然後在使用之前儲存於 15℃ 的環境中」——2016 年發表於《鑑識科學期刊》（Journal of Forensic Sciences）的研究報告裡如此描述。杜德告訴我，她非常感激這些匿名志願者。「尤其有一位，他必須把樣本盒藏在冷凍青豆裡面，因為他的繼父不喜歡青豆，這樣才不會被發現，」她說。

總之，這些收集好的食物都盛放在小碟子裡，然後飢餓的赤銅綠蠅就被釋放出來了。杜德的研究團隊錄影記錄各個組別的赤銅綠蠅（包括不同年齡的雄蠅和雌蠅），時間至少六小時，觀察牠們的取食行為以及對不同餐點的偏好。

俗話說，蜂蜜可以吸引更多蒼蠅。但在這個例子裡，那句話是錯的。招來較多蒼蠅的，是精液。

「精液是蒼蠅界的快克古柯鹼，」杜德說。「牠們狼吞虎嚥，變得醉醺醺。牠們跌跌撞撞、身體部分麻痺——我甚至看到一隻蒼蠅放棄善後，一屁股坐在地上！然後牠們又繼續爆食，直到身亡。但牠們死得很爽！」

如果各項菜色分開供應，這些蒼蠅也會滿足於寵物飼料、血液和唾液——但如果精液同時出現，多數蒼蠅都會為之癡狂。至於精液為何如此受歡迎，或許是因為蒼蠅特別受它的氣味吸引。與腐敗有關的氣味會吸引蒼蠅，其中包含屍胺和腐胺（化學上屬於多胺，polymine），而精液含有與多胺相關的精胺（spermine）和精胺酸（spermidine）。2016 年一篇發表在《科學公共圖書館・生物學》（*PLOS Biology*）的研究發現，這些蠅類不只非常受多胺吸引，牠們在營養上也是真的需要多胺。當雌蠅取食富含多胺的食物時，產卵量高達三倍。

精液裡還有另一樣東西也含量豐富：DNA。如果一隻蠅把自己的肚子塞滿精液，表示牠肚子裡也充滿提供者的 DNA，理論上這隻蠅也有可能把 DNA 散播到其他地方。

為了知道是否真會發生這種事，杜德在這些蒼蠅吃過自助餐中的各式佳餚後，也檢測牠們的大便。「如果一隻蠅取食了精液，或取食不同的東西加上精液，幾乎每一次都可以得到完整的人類DNA。血液的話，機會約是三分之一，而唾液則從來不行。」

　　杜德還不滿意。如果一個科學家願意研究蟲屎裡剩餘的精液，可以想見她不會這麼容易滿足。為何不研究看看蒼蠅喜歡乾食還是溼食，是否像挑剔的貓那樣？

　　「我們發現蒼蠅一般而言偏好乾的血或精液更勝於溼的，這點也很有趣，」杜德說。「這可能很重要，因為這表示即使在生物物質乾掉許久之後，蠅類也可能繼續製造問題。」

　　在 2018 年發表於《鑑識科學期刊》的研究中，杜德的團隊把蒼蠅釋放到一間屋子內＊，裡面僅有的食物來源是血、糖和水，然後觀察這些蒼蠅會在什麼地方拉屎。他們發現，犯罪現場調查員應該要小心食物來源附近出現的血斑，特別是在較低的位置——因為這些可能是蒼蠅屎。

　　這會有多嚴重？「你真的必須小心這種可能性，例如有個倒楣鬼只是無辜地度過了一段獨處的時光，結果有隻蒼蠅吃了他精液，然後飛到犯罪現場拉屎，這就有可能害他入罪了，」杜德說。

　　令人不寒而慄的是，這種情況聽起來並非完全不可能，而且不只適用於血氣方剛的青少年。一個男人在性愛後無防備地把精子拋諸腦後，就有可能導致自己的 DNA 出現在其他地方。杜德還說，鑑識調查員也有可能誤把蒼蠅屎當成血跡取樣，結果找到不屬於被害者的 DNA。

刑事 DNA 分析已開始浮現一個更大的問題，而蒼蠅屎只是其中的一部分而已。鑑識科學家辛西亞‧凱爾（Cynthia Cale）在 2015 年的《自然》期刊中指出，隨著 DNA 偵測技術變得更敏感，找到意

＊　我立馬想到：「是誰的屋子？」不是杜德的。那是個沒人住的房子，研究者先把蒼蠅可能取食的東西清除乾淨，然後把所有表面蓋上防水牛皮紙，最後在門框貼上膠帶，把蒼蠅關在房裡。

外抵達現場的少量 DNA 的風險也變得更高。而且 DNA 不用蒼蠅帶來帶去，光是握手就有可能傳播。

事實上，凱爾證明，一個人與另一個人握著手兩分鐘，就可以把另一個人的 DNA 轉移到刀柄上。如果說這握手時間聽起來太久，凱爾也有同感。所以她也測試了 60 秒、30 秒和 10 秒的接觸時間。結果？在多數例子都可以偵測到 DNA 的轉移。即使接觸時間短至 10 秒，她也偵測到被她稱為「貢獻者逆位」的現象，意思是刀子上主要的 DNA 來自從未真正碰過那把刀的人。

至於蒼蠅無意間把 DNA 帶入犯罪現場，也可能造成真正的麻煩。杜德說：「我認為最大的衝擊，有可能是辯護律師利用這種可能性來影響陪審團的判斷。」

實際上，至少已經有一宗案件是因為 DNA 轉移而造成誣告。2013 年，盧奇斯·安德森（Lukis Anderson）在加州因謀殺罪遭到逮捕並拘禁了四個月，原因是受害者的指甲底下有他的 DNA。在一般情況下，這通常足以定罪。偏偏安德森有完美的不在場證明：凶案發生當時，他正躺在醫院裡，因飲酒過度接受治療。事實上，安德森實在醉得太厲害，連他也無法完全確定自己有沒有殺人。

最後，一個警官終於拼湊出真相：在護理人員把安德森送到醫院後三小時，同一組人員又被召到凶案現場，處理被害者的屍體。結果他們無意間留下了安德森的 DNA。

目前而言，沒有人確定類似的混淆有多常發生，但德州農工大學專攻鑑識科學的統計學家克里夫·史派格曼（Cliff Spiegelman）說：弄清楚這種可能性將會非常重要。「現有的研究很少，而答案是不知道，」史派格曼說。

至於是否有任何人因為採自蒼蠅屎的 DNA 而被錯誤定罪，現在也不清楚。目前只知道實際上是有可能發生的，這要感謝杜德

的研究。但事情也不全都是壞的。事實上，蒼蠅也有可能幫忙達成刑事司法的正義。例如一隻蒼蠅在犯罪現場吃了體液，再飛到另一個房間拉屎，破壞了犯罪者清理現場的意圖。

終歸來說，這意味著鑑識調查員需要考慮 DNA 的所有可能來源——同時要非常謹慎，避免 DNA 意外從一個物體轉移到另一個物體。至於我們其他人，想到自己的遺傳物質這麼容易散播，確實有點令人不安。我們能做的，是注意自己到底和誰握手，還有小心蒼蠅。

嗅出疾病

善用疾病的氣味

我生病了，而且聞起來不太對勁。我不是說自己的鼻子有問題——雖然這次感冒也讓我鼻塞。我指的是自己身體的氣味似乎有哪裡不同：帶點酸味，和平常不一樣。

我絕對不是第一個注意到這種怪異副作用的人。科學家已經注意到幾十種疾病，會帶有可以鑑別的特定氣味：糖尿病會使你的尿聞起來像爛蘋果，傷寒會讓體味有種烤麵包的味道。更糟的是，據說黃熱病讓你的皮膚聞起來像肉舖，如果你能想像的話。

這很奇怪，但還不只是讓人好奇而已：我們的鼻子和腦對這些氣味很敏感，而這又會讓我們靈敏的噁心感提高，幫助自己避開可能致病的事物。

我們甚至可以善用這種「疾病感知」的能力。科學家認為，如果我們能鑑定出生病氣味的化學物質，或許就能嗅出某些早期很難偵測到的疾病，例如癌症或腦傷。有些人已經展現出偵測疾病的驚人能力（稍後詳談）。如果這種能力可以複製，或許未來的年度健康檢查會加入早期帕金森氏症或其他疾病的嗅覺試驗。

事實上，一個人只要有正常的嗅覺，都可以學習辨認各種不同的「疾病氣味」。倫敦衛生及熱帶醫學院（London School of Hygiene and Tropical Medicine）的公共衛生專家瓦樂莉・寇蒂斯（Valerie Curtis）說，人類對於偵測疾病是非常在行的。

寇蒂斯說：「生病的跡象是最讓人感到嫌惡的東西。」例如

痰、嘔吐物或膿。寇蒂斯繼續說，由於噁心感是我們避開有害的事物的方法，所以「我們能用鼻子發現疾病，在演化上是十分合理的。」

不過，為什麼病人聞起來會有不同的氣味？關鍵在於我們的身體不斷地把揮發性物質送到空氣中。這些物質存在我們呼出的口氣中，也從每個毛孔釋放，和年齡、飲食，以及疾病是否影響我們的代謝機制有關。住在我們腸道和皮膚上的微生物也會分解我們身體的代謝副產物、產生味道更強烈的物質，形成我們獨特體味的一部分。

所以讓我們面對現實：基本上，你是個會走路的氣味工廠。而你若開始留意這些氣味，當它們變調時，就有可能被你發現。

帕金森氏症是出了名的難以診斷。多數人得知自己患病時，產生多巴胺的腦細胞已經被它破壞了一半。不過，萊斯・米恩（Les Milne）在 1995 年被診斷患病的 12 年前，他的太太喬依就注意到他聞起來怪怪的。喬伊告訴英國《電訊報》（*Telegraph*），那是一種「帶點木質、麝香般的氣味」。幾年後，在有許多帕金森氏症患者的房間內，她發現不是只有她先生身上有這種氣味。這些人聞起來全都有那種氣味。

她把這件事告訴愛丁堡的帕金森氏症研究者提羅・庫納特（Tilo Kunath），他再把這件事告訴同事佩迪塔・巴蘭（Perdita Barran）。巴蘭是個分析化學家。他們認為好心的米恩太太注意到的只是老人特有的氣味。「我們說服自己不要在意，」巴蘭說。

事情本來可能就這樣結束的。但另一位生物化學家鼓勵他們把米恩找來，做一場 T 恤盲測：讓她聞六件帕金森氏症確診者的T 恤，以及六件健康人的對照組。她成功指出哪六件上衣屬於帕金

森氏症患者，但也認定有一件對照組的衣服屬於病患。儘管有這個錯誤，但巴蘭仍對測試結果大感驚佩，而且八個月後，那位健康對照組中被米恩認定是病患的人，竟被診斷出帕金森氏症。巴蘭不得不更加佩服。她真的比醫生更早就偵測出帕金森氏症嗎？

這個 T 恤測試很有意思，但我們得以科學的謹慎眼光來檢視。畢竟，這個測驗只用了少數人，而不同的人擁有相同的氣味，可能有許多原因。以一個著名的反例來說，研究者曾認為某種氣味與思覺失調症有關：有種名叫 TMHA 的化合物（據說聞起來像山羊）被鑑定出來，還發表在《科學》期刊上。這個化學物質甚至一度被認為有可能是思覺失調症的致病原因，若真如此，就會在治療上開啟嶄新的方法。但經過多年後續測試，結果卻無法重複。這種 TMHA「思覺失調毒」最後和「冷融合」一樣無疾而終。*

巴蘭現在是曼徹斯特生物科技研究院（Manchester Institute of Biotechnology）的教授，她正不厭其煩地用審慎的化學方法來確定帕金森氏症的氣味到底是不是真的可靠。她和同事的目標是發展出帕金森氏症的氣味測試——也就是比請米恩太太來聞我們的 T 恤更嚴謹而實際的方法。

首先，團隊要用化學方法確定有關的分子，而這比在《CSI 犯罪調查》上看到的困難得多。在數千種已知的揮發性化合物中，有許多並沒有經過仔細研究，或者只有香水產業藏有相關資料。

透過英國帕金森氏症研究和米高·J·福克斯基金會（Michael J. Fox Foundation）的資助，巴蘭的研究團隊蒐集了超過 800 份皮脂

....

* 1989 年，史坦利·彭斯（Stanley Pons）和馬丁·佛萊希曼（Martin Fleischmann）興奮地宣布他們在室溫下讓原子融合，並產生能量。這項突破意味著可以帶來無限制的能源供應。不幸的是，沒有人可以複製他們的發現，而冷融合（cold fusion）也成了全世界物理學家的笑柄。

樣本，這是皮膚分泌的油性物質，從志願者的背部擦拭取樣。2019年，他們檢測 64 名志願者的皮脂，找到三種在帕金森氏患者含量較高的分子（二十烷、馬尿酸和十八醛），以及一種含量較低的分子（紫蘇醛）。然後他們把這些分子混合，製造帕金森氏症的化學指紋。當他們把這個化學指紋氣味拿給喬依·米恩聞時，她確認這聞起來也像帕金森氏症的味道。

團隊下一步必須做的，不只是確認這些特定分子在帕金森氏病患身上一定會提升，還必須弄清是否能夠在病徵顯現前就偵測到氣味。如果一切盡如理想，他們也會得知帕金森氏症如何刺激身體製造這些分子。

巴蘭說她很樂意接受挑戰——雖然她自己的嗅覺因為意外而受損，她自己無法聞出帕金森氏症的氣味。

「喬依的嗅覺非常敏銳，」巴蘭說，「但她不是唯一可以嗅到這種氣味的人。特別的地方是，她堅信這種氣味可以用來〔征服疾病〕。」

這又帶我們回到那個問題：你我實際上可以聞到什麼。雖然狗的嗅覺向來大受讚美，也曾被用來嗅出癌症，但研究者認為，人類在偵測許多氣味時也不遜色。

從我們腦中嗅球的神經元數量判斷，人類的嗅覺可能比大鼠和小鼠更好，在所有哺乳類中大約居中。或許最大的障礙在於我們沒有對氣味投予足夠的注意力，且描述氣味的語言不夠細膩。

「我們思考氣味的能力較差，」柯蒂斯說。她回憶自己在家使用一塊從印度買回來的肥皂的經驗：「我先是想到『印度』，過了很久才發現是因為氣味。」

同樣地，我們可能沒有發現自己嗅到的是自己或親人健康狀況的改變，只因為不習慣那麼注意氣味。

　　然而，如果多多注意氣味，我們確實有可能成為還不錯的疾病偵測器。2017 年發表於《美國國家科學院學報》（*Proceedings of the National Academy of Science*）的一個小型雙盲研究中，在以模仿感染的毒物刺激某些人的免疫系統幾小時後，參與者可以根據體味和照片分辨健康和生病的個體。

　　所以，雖然我們還沒發明出呼氣式的疾病檢測儀，當你嗅出什麼不對勁時，不妨聽從你的直覺。

下水道裡的怪物

愈長愈大的油脂塊

首先，可能有人在家裡把融化的火雞油倒掉。幾個街區之外，另一個人可能把溼紙巾從馬桶沖走。這兩個廢物在陰溼的汙水管中相遇了。然後更多動物油、植物油和油膩膩的東西加入，凝結成又大又臭的一坨。看！一個油脂塊（fatberg）寶寶就此誕生。

就像使鐵達尼號沉沒的漂浮冰山，油脂塊也是巨大又危險，而且絕大部分隱藏在看不見的地方。和冰山不同的是，這些噁心的物體是由油脂和垃圾在下水道系統裡硬化而成的。當油脂塊變得夠大時，會把巨大的地下管道整個塞住，導致未淨化的汙水湧到街上。

2017 年 9 月，倫敦的工人在東區的白教堂（Whitechapel）發現前所未見的巨大油脂塊。根據泰晤士水務公司（Thames Water）的資料，這個怪物的長度超過 250 公尺，重量估計有 130 公噸，體積相當於 11 部雙層巴士加起來。「我們認為這應該是英國歷史上最大的一個，」泰晤士水務公司的一位主管告訴英國廣播公司（BBC）。

還不滿兩年，另一個更大的油脂塊就塞爆了倫敦切爾西（Chelsea）直徑 1 公尺的汙水管。2017 年，北愛爾蘭水務公司（Northern Ireland Water）從位於貝爾法斯特（Belfast）一排速食餐廳下方的油脂塊取出「兩三百公噸」的油脂和垃圾。

油脂塊正迅速成為世界各地下水道的災害。倫敦、貝爾法斯

特、丹佛、墨爾本只是有巨型油脂塊出現的眾多大都會中的幾個。根據紐約市 2016 年的「下水道狀態」報告，紐約市的汙水倒灌有 71% 是油脂造成的。紐約在五年間花了 1800 萬美元對抗油脂塊，而處理油脂塊的工廠每年都從未處理汙水中耙出 4 萬 5000 公噸的可沖式紙巾和其他渣滓。規模較小的城市也不能倖免，例如印第安納州的韋恩堡（Fort Wayne）每年都要花 50 萬美元清理下水道中的油脂。

都柏林大學（University College Dublin）的工程師湯瑪斯・華萊士（Thomas Wallace）研究油脂廢棄物處理，他說美國和英國占全球油脂塊事件的大宗。這兩個國家不只生產大量的油脂塊原料，他們的下水道系統也過於老舊，難以應付人口成長帶來的油脂和垃圾攻勢。

阻塞的問題和下水道本身一樣古老，因為古羅馬人就會把奴隸送到地下去清理下水道。然而今日的巨大油脂塊是來自更近期的發明。

最早的油脂塊可能比較小，因為都市和都市裡的廚餘是在工業時代成長的。1884 年，舊金山的內森尼爾・懷丁（Nathaniel Whiting）申請了第一個「截油器」的專利，攔截「容易阻塞汙水管的物質」。他的基本設計至今仍在使用：廢水流入一個盒子中，讓脂肪在那裡囤積。最後必須有人取出並丟掉這坨脂肪。

在美國，許多城市最後都要求餐廳和食物販售者使用截油器，而且必須清理。結果這些囤積的油脂竟帶來了許多衝突和陰謀。在某些地方，小偷用噴燈切入截油器，竊取這些可以用來製作生質燃料的廢食用油。

在中國，攔截下來的油被非法取出、純化——但還不到足以避免食安疑慮的程度——然後變成「地溝油」在黑市販賣。中國

政府已禁止地溝油買賣，但很難完全根絕。在便宜的餐廳和街頭攤販，你的食物甚至有可能是用這種東西烹煮的。2018 年，《華南早報》報導了三間餐廳的老闆和員工因為使用地溝油煮火鍋而入獄。

而在倫敦，截油器的使用不夠普遍，再加上汙水管狹窄，注定了災難。公用設施公司必須雇用許多「沖洗員」，負責徒手挖出凝結的油脂。也因此，創造「fatberg」這個名稱的是最了解它的人：泰晤士水務公司的下水道工人。

油脂塊在我們腳下成長的同時，科學家也忙著了解它們。首先，最近科學家發現，油脂塊的本體其實是汙水產生的一種肥皂。

2011 年，北卡羅來納州立大學（North Carolina State University）的喬爾·杜科斯特（Joel Ducoste）和他的研究團隊指出，把豬油轉化為肥皂的皂化作用（saponification），在有鈣存在的情況下，也可能發生在汙水油脂中。團隊甚至在實驗室裡，在富含鈣的水泥上製造出迷你版的油脂塊，幫助我們了解它們是如何長到這麼大的。

而在油脂塊迅速成長的地方，下水道管理者指出溼紙巾是整個問題中很重要的一部分。這些溼紙巾為嬰兒也為成人製造，雖然有許多產品在販售時宣稱可以沖入馬桶，但汙水管中找到的未分解溼紙巾卻是以噸在計算的。更糟的是，這些堅韌的紙巾是絕佳的油脂塊建材，當油脂和其他殘渣流過時，就會把它們攔住。

都柏林大學的湯姆·柯蘭（Tom Curran）是第一位取得傅爾布萊特獎助金（Fulbright scholarship）以對抗油脂塊的科學家。柯蘭和北卡羅來納的杜科斯特合作，測繪油脂塊的潛在熱點，並研發偵測器，未來可以對世界各地的都市發出「油脂塊即將造成汙

水管爆裂」的警示。

有些城市甚至把油脂塊視為燃料。畢竟油脂含有高熱量，而這也代表能源。泰晤士水務公司已經和再生燃料公司合作，挖出汙水管中的油脂塊，轉為生質柴油。

無論我們如何處理油脂塊，它顯然都因為噁心而讓人著迷。倫敦博物館（Museum of London）展示了一大塊白教堂的油脂塊，結果參觀者興致勃勃地看著它出水、改變顏色、孵出蒼蠅。現在你可以透過倫敦博物館的「FatCam」在網路上觀看這個油脂塊的直播。本文撰寫時，它已經長出黃色膿皰狀的霉。

下水道裡的怪物

第三部

打破

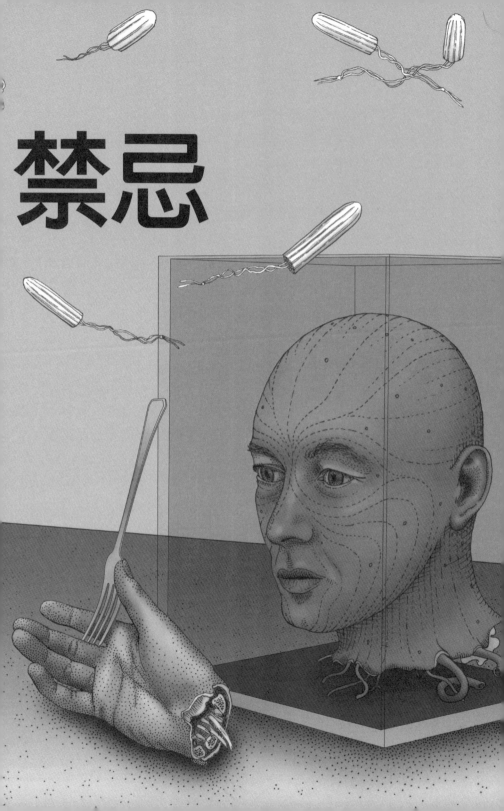

禁忌

終極的禁忌

當科學遇上我們最深的禁忌

「禁忌」（taboo，音「塔布」）是個含義豐富又逗弄人心的詞，透露著誘惑和祕密。對於這個詞彙，英語使用者要感謝玻里尼西亞的島國東加（Tonga），是他們提供了這個新的表達方式，超越「不准」或「禁止」等威權主義的平板字眼，引入了精神和道德上的豐富意涵。

我們也可以感謝著名的英國探險家庫克船長（Captain James Cook）不太精準的轉譯技巧。東加的主島叫「東加塔普」（Tongatapu），而庫克顯然聽成「東加塔布」（Tongataboo）。同樣地，他也聽錯了東加語的「禁止」，實際上應該是「塔普」（tapu），他則寫成了「塔布」（taboo）。

這個詞或許來自玻里尼西亞，但每個文化都有禁忌的概念，也就是在道德上或精神上不被允許的行為或想法（還有很多是「不准討論」的想法）。而正如不同地區討厭的事物不同、但大體上仍脫離不了某些主題，哪些事物屬於禁忌要視你成長的地方而定，但也常具有共同的特徵。

禁忌通常圍繞著這些主題：死亡與殺人，性和繁殖（包括亂倫），死人（包括戀屍癖），還有食物（包括吃人，正好結合了食物和死人兩個主題）。此外，我們的身體，以及身體的乾淨或純潔，也是個很重要的主題。

在太平洋航行期間，庫克體驗到禁忌能有多麼複雜。當他邀

請幾名地位崇高的東加人到自己船上用餐時,「我的賓客沒有一個人坐下或吃任何東西,」他寫道。後來發現,原因似乎是因為在某些情況下,任何用水處理過的食物和飲料都是「塔卜」(tabu)。如果一雙手曾經為死去的酋長清洗屍體,那麼用這雙手來吃飯也是「塔卜」,因此洗屍者有幾個月時間都必須由別人動手餵食。在某個典禮中,庫克被告知某些籃子是塔卜,但在典禮過後就不是了。最後庫克終於了解到塔卜也有雙重意義,同時指稱被禁止的事物和神聖的事物。*

　　不論是在東加還是在世界其他地方,禁忌的背後都常有道德或宗教上的理由。某些禁忌也具有實用意義,可以避免中毒、防止有人受害或避開災難。例如,如果摸了已經死亡一段時間的屍體,之後馬上吃東西,有可能會生病。東加人注意到這種情況,就把摸了屍體後幾個月內用手吃東西變成禁忌:或許不方便,但保證有效。

　　有時,禁忌背後可能有科學上道理,例如和屍體有關的那些。但有時候,科學家也會落入挑戰文化信仰的處境。今日,許多人認為遺傳工程學會帶來「設計師寶寶」和「科學怪食物」,從事遺傳工程研究的人有時被控扮演上帝或干預自然(兩者都是根深蒂固的西方禁忌)。胚胎幹細胞的醫學研究可望治療疾病,但卻衝撞了墮胎的禁忌。在那些可以在駕照上登記自願捐獻器官的國家,人很容易就會忘記器官移植在早期備受爭議——而且在某些國家是至今依然如此。

---

* 事實上,東加主島的名字「東加塔普」(Tongatapu)如果翻譯過來,意思是「神聖的南方」,而不是「禁忌的南方」。

以日本為例，第一次合法的 * 心臟移植是在 1999 年，距離世界第一次心臟移植手術已經過了 30 多年。這是因為如果從腦死但心臟仍在跳動的人身上取出器官，是一種禁忌：必須等到心臟停止跳動，一個人才會被視為死亡。

過去十年間，出現了不少從前不被允許的移植：手、臉，2018 年還出現了世界第一次陰莖和陰囊移植，接受移植的是在阿富汗被非正規爆炸裝置炸掉生殖器的士兵。

長久以來，身體部位的替換之所以不被允許，不僅是因為手術風險高，也因為觸犯了身體禁忌。替換腎臟或肝臟等從外表看不出來的臟器是一回事，但看到某人的手或臉銜接在別人的身體上（更遑論用他人的陰莖進行性行為），令多數人非常難以接受。感覺上那就是不對。

時至今日，這種外表可見的移植變得較普遍，也較為人所接受。（2018 年《國家地理》雜誌甚至以一位接受臉部移植的女性為封面。）但禁忌雖會演變，卻沒有到可以置之不理的程度。進行陰莖陰囊移植手術時，約翰霍普金斯的醫生留了一手：陰囊裡面是空的。看來醫生不願觸犯一項性禁忌：睪丸移植。他們諮詢過生物倫理學家，結論是如果移植睪丸，有可能導致接受者以別人的精子生出寶寶，也就是說，寶寶生物學上的父親會是個死人。霍普金斯團隊決定，這一步跨得太遠了。

同樣的道理也適用於頭部移植。這種移植（雖然理論上可以拯救生命、延長壽命）目前還未在人類身上嘗試過。幾年前，我見過一位罹患重病的俄羅斯人——瓦列里・斯皮里多諾夫（Valery

---

* 事實上，日本 1968 年曾有過一次「非法」的心臟移植。執行手術的醫師因為謀殺腦死捐獻者的罪名而受到調查。

Spiridonov），他自願把自己的頭移植到新的身體上。斯皮里多諾夫患有脊髓性肌肉萎縮症（Werdnig-Hoffman disease），這是一肌肉喪失的疾病，會逐漸惡化，終至致命，但腦部完全不受影響。提出這項手術的是義大利醫生賽吉奧・卡納維洛（Sergio Canavero），他建議把斯皮里多諾夫的頭接在腦死捐獻者的健康身體上。卡納維洛自視為醫學上的救星，勇於打破禁忌、與死神戰鬥。很多人則把他的提議視為洪水猛獸。

頭部或腦部移植涉入的倫理問題有如泥沼。首先，取得腦死身體捐獻者的同意就是個問題。（一般人同意為了科學目的而捐獻自己的身體時，大慨沒有想過別人的頭可能會接在自己身體上。）然後還有這個新的組合到底是「誰」的問題。他的身分究竟屬於腦、體，還是兩者皆是？

不過有一件事，卡納維洛是對的：我們最好以進步之名，開始思考自己願意打破哪些禁忌的問題。遲早會有人嘗試在人類身上進行頭部或腦部移植——就好像 2018 年中國科學家賀建奎編輯雙胞胎女嬰的胚胎基因，讓她們可以抵抗 HIV 感染。世界第一對基因編輯嬰兒在國際震驚之下出生。（編輯人類胚胎的 DNA，被視為創造遺傳上更優越的「設計師寶寶」的第一步。）

值得一提的是，賀建奎在 2018 年使用的基因剪輯方法 CRISPR，是 2013 年首次發表的。也就是說，只過了五年，與基因剪輯相關的重大禁忌就被打破。同樣的情況有可能發生在極端移植。雖然頭部移植在技術和運送上的挑戰很大，但畢竟不需要像發明基因剪輯那樣的科技突破。如同卡納維洛的設想，要挑戰這種移植，所需的手術程序和抗排斥藥物都已經存在。

如果事情真的發生，勢必會有許多倫理、宗教和實務上的反對意見。但從歷史可知，科學上已經開啟的門是很難再度關上的。

世界第一對基因編輯嬰兒宣布之時，適逢科學家聚集的「第二屆國際人類基因組編輯高峰會」（Second International Summit on Human Genome Editing）。他們在會中譴責編輯女嬰 DNA 一事，但也投票反對完全暫停人類基因編輯研究。畢竟，這個技術有潛力防範致命疾病，例如會逐漸摧毀腦細胞的遺傳疾病杭丁頓氏症（Huntington's）。同樣地，如果頭部移植真的延長了某人的生命，或許就很難勸阻其他身患重病的人冒險。所以現在，我們確實必須決定我們究竟願意為拯救生命做到什麼程度。

諸如此類正在漂移中的禁忌還有很多。不管是性、死亡或食物，世界各地都有人在爭論哪些禁忌具有社會功能，哪些開始不合時宜。殺人禁忌在可見之日還不會被拋棄，然而正如我們在稍後的段落會看到的，基於人類祖先的演化史，科學正為人類集體暴力傾向的「自然性」提供了新的脈絡。同種相食和戀屍癖也依然是強有力的禁忌，雖然現在我們也了解到，這兩者和同類相殘一樣，在動物界中都比過去以為的更加普遍。

而其他禁忌，特別是和性與女性身體有關的禁忌，則開始動搖。數千年來，幾乎所有女體獨有的事物，或多或少都被認為是禁忌。在南亞部分地區，月經來潮的女性一向被禁止進入自家廚房，甚至連進入自己家裡都不行，而長久以來西方醫學給予女性的關注都非常短少，甚至在教科書裡完全看不到某些女性構造。而我們將會看到，關於女性身體的禁忌正在改變，這有部分要感謝愈來愈多女性投身科學界和醫界、正視女性生理學的研究。我們正一點一點地揭去屏障女性身體的禁忌。

還有更多禁忌之地有待科學探索。無論是性、同種相食或同類相殘，科學家總會因為好奇而開拓我們的疆界。

取得人頭不簡單

世界最禁忌的手術

瓦列里・斯皮里多諾夫看起來小得不可思議。從扣領襯衫、褲子到腳上的襪子，他全身上下都是白色，腿上還覆蓋著白色毯子。唯一違背這顏色的，是一條把他固定在電動輪椅上的黑色帶子。斯皮里多諾夫身患重病：他是脊髓性肌肉萎縮症（Werdnig-Hoffmann disease）患者，這種罕見的退化性運動神經元疾病正把他逐漸推向死亡。

斯皮里多諾夫用他仍可控制的左手操作輪椅，來到一間飯店的會議室。在那裡，他公開表示自己想要成為第一個把自己的頭移植到新身體上的人。

那天是 2015 年 6 月 12 日，30 歲的斯皮里多諾夫從俄羅斯飛到美國馬里蘭州的安納波利斯（Annapolis），參與美國神經與骨科外科醫師學會（American Academy of Neurological and Orthopaedic Surgeons，AANOS）的年會。提出這項移植手術的是賽吉奧・卡納維洛，這位來自義大利杜林（Turin）的外科醫師在研討會上進行主題演講，斯皮里多諾夫是為了支持他而來的。

這場年會不算盛大，參與的醫師約莫 100 人，在一間普通的威斯汀飯店（Westin Hotel）舉行。我到達時，發現卡納維洛正在飯店前廳舉行臨時記者會，有點像是球賽開始前激發群眾興趣的教練。研討會籌辦人瑪姬・卡爾尼（Maggie Kearney）花了很多功夫把記者勸走，因為會場已經擠得水洩不通。她說，15 年來，她

不記得有記者來過他們的研討會。

在將近三小時的演說中，卡納維洛回顧了脊髓損傷和復原的科學文獻，談到中央神經系統各個不同部位的再生潛力。他強調自己相信神經外科的某些基本假定是錯誤的。偶爾他會指向講台旁邊坐在輪椅上的斯皮里多諾夫，提出他的主張（「脊髓固有束神經元是讓他可以再次行走的關鍵！」）。演講結束時，現場多數記者看起來都累壞了。

當批評者說這種移植可能「比死還慘」或把病患逼瘋時，卡納維洛的回應方式是直接問斯皮里多諾夫：「你不覺得你〔目前〕的狀況可能把你逼瘋嗎？」斯皮里多諾夫安靜地表示肯定。

「我確信有朝一日基因療法和幹細胞能完成任務，」卡納維洛說，「但對這個人來說，那是來不及的。」

演講接近尾聲時，卡納維洛列介紹了手術梗概。他計畫用薄至奈米等級的特製解剖刀將脊髓完全切斷。（我看不見斯皮里多諾夫的表情，不知他對這個細節的反應如何。）在移植過程中為了使切開處的細胞死亡程度最小化，卡納維洛在斯皮里多諾夫的脊隨下刀的位置會稍微低一點，而身體部分的則高一點，然後再薄切一次。下一步，他會加入一點聚乙二醇，這在動物身上已經顯示可以刺激神經再生，再以特殊的連接器將兩端接在一起──完成！然後電刺激會進一步促進神經再生。

在這個移植計畫中，重新銜接切開的脊髓，是讓一個人的腦控制另一人身體的關鍵：腦的訊號必須要能傳遞到身體，反之亦然。當然，除此之外還有其他細節，例如重新連接所有血管、在手術中保持腦部供氧等等。但卡納維洛是神經外科醫師，脊髓是他的關注焦點。他指出臉部和手部移植已經獲得成功，還有其他顯微手術，都已做得到重新連接神經和肌肉、修復運動能力。

看來，最大的醫學問題並不在於兩副身體的可否銜接在一起，而是在於手術完成的人能否活得夠久，或能不能享有合理的生命品質。當然，也還有組織排斥的問題，這需要一輩子施用壓抑免疫系統的抗排斥藥物。

但卡納維洛對自己的努力信心滿滿。他邀請與會的外科醫師加入他的團隊，而這團隊可能非常龐大——他說過可能超過 100 人，並計畫要有骨科、血管手術等小組的組長。這些外科醫師要全職參與這個計畫兩年，並「付給豐厚的酬勞，因為我認為參與這項計畫的醫師應該得到比足球員更高的薪水。」（不過目前看起來，這筆龐大的資金還沒籌齊。）

神經外科醫師對這個提案的反應則是小心以對。這樣的手術或許不是不可能「發生在未來的某一天，但真的需要相當謹慎，」AANOS 的委員會前主席卡澤姆・法蒂（Kazem Fathie）說。而密西西比州葛林伍德（Greenwood）的一般神經外科醫師克雷格・克拉克（Craig Clark）則把卡納維洛的想法稱為一種「挑釁」。克拉克觀察：「多年來有許多文獻顯示再生能力的存在，但實際應用在臨床上時，總因為不同理由而未能成真。」

而德州亞伯林（Abilene）的神經外科醫師奎利科・托瑞斯（Quirico Torres）儘管承認這個手術帶來許多倫理問題，但他認為讓自願者參與手術是合理的，因為有一天我們或許會視之為平常。「別忘了，多年前大家也質疑比爾・蓋茲：你幹嘛需要電腦？」他說。「但現在我們都不能沒有電腦。」

演講後，斯皮里多諾夫進入房間休息。當他再次出現時，他面對朝他聚集過來的電視台人員，以有點疲倦的聲音回答同樣的問題。一個記者喊出：「如果你沒有進行這個手術，會變得怎樣？」「我的人生會變得相當黑暗。」他說：「我的肌肉愈來愈無力。

令人害怕。」

斯皮里多諾夫應付媒體時，我和接待他到安納波利斯的主人聊天，對方是他家族的友人。布里安娜・艾烈希（Briana Alessi）說：「他很聰明、很快樂、很有趣。如果手術能進行而且成功，他就能有新的生命。那真的會改變人生，讓他能做原本只能夢想的事情。」

如果不能的話呢？「反正他橫豎都是在賭，」她說。

斯皮里多諾夫被問到的最後一個問題是：對那些反對這個手術的人，你會怎麼說？

他回答：「或許他們應該想像自己在我的處境。」

卡納維洛還有更遠大的目標：人類壽命的大幅延長。而隨著技術飛躍，頭部移植會是邁向目標非常重大的一步。數十年來，雷・庫茲威爾（Ray Kurzweil）等未來主義者已經在考慮如何對抗老化──而且至少已有 200 人，包括籃球傳奇泰德・威廉斯（Ted Williams），把自己的頭或身體極低溫冷凍保存，以期科學有朝一日戰勝死亡。卡納維洛贊成讓我們的腦活在更健康的身體上，並推論有一天我們甚至有可能複製沒有腦的身體，再把腦移植到這樣的身體上。他認為，如果我們複製出遺傳上與自己完全相同的身體，免疫排斥將不再是問題。

但還是有不少常規和禁忌會造成問題。任何腦部或頭部移植都會帶來如何定義死亡以及如何對待屍體的疑慮。卡納維洛認為我們必須克服對頭部移植的厭惡感，就如同對待身體其他部位一樣，更何況對患有絕症的病人而言，他的手術是救命的方法。至於沒有腦的複製人，他在《AJOB 神經科學》（*AJOB Neuroscience*）期刊上寫道：「這確實是有待公眾辯論的議題。」

幾年後的 2018 年年底，我透過電子郵件與卡納維洛聯繫時，他對頭部移植程序的可行性依然像從前一樣樂觀——但手術還是沒有實現。他解釋，他現在已不再對媒體透露這個暱稱為「HEAVEN」計畫的細節。他的工作重心已經移到中國，他在那裡可以進行研究，儘管全球對頭部移植仍有倫理上的高度顧慮。

他寫道：「不幸的是，我不能自由分享任何有關 HEAVEN 的細節，因為在梵蒂岡和幾個學術機構的壓力下，聯合國教科文組織（UNESCO）反對我們的計畫……去年我們發表了第一次交換死人頭部的文章，把他們嚇壞了。」

另外一封電子郵件中，他提到 HEAVEN「演化」的下一步：腦部移植——或更恰當地說，是「腦膜與身體接通」手術（meningoencephalosomatic anastomosis）。「接通」是把兩個部分連接起來，通常指血管，但他在此指的是把腦和包覆在腦周圍的腦膜連接到新的身體。卡納維洛沒有透露距離手術實現還有多遠，或是否已有病患等待執行手術。

至於他先前的病患瓦列里・斯皮里多諾夫，自從 2015 年的記者會後，很多事情改變了，但也有很多事情沒變。首先呢，他的頭還連接在同一個身體上。

當斯皮里多諾夫在 2015 年自願參與頭部移植時，他已經比許多同樣狀況的人多活了十年。2019 年初，他還活著而且情況還不錯。他仍必須仰賴輪椅，但在 IG 上有一張攝於俄羅斯聖彼得堡艾米塔吉博物館（Hermitage）的照片，他身穿黑色和白色的皮夾克，穿著牛仔褲，一條腿跨在另一條腿上，頗具時尚感。另一張照片中，他凝視著嬰兒車上的嬰兒，標注 # 家庭時光 和 # 寶貝兒子。沒錯：斯皮里多諾夫當了爸爸。

他在 2017 年退出了卡納維洛的頭部移植計畫，差不多就是卡

納維洛把計畫移到中國的時候。因為這無法治療的遺傳疾病，他還是有可能早亡。但 2019 年，他在一場難得的訪談節目中告訴《早安英國》（Good Morning Britain），說他的病情目前很穩定，而且現在他的生命中有太多值得把握的事，不想嘗試高風險的手術。除了美麗的新婚妻子，他現在還有個健康的兒子，他稱之為「奇蹟」：這個孩子沒有遺傳到他的病。他和日益成長的家庭已經搬到了佛羅里達，在佛羅里達大西洋大學（Florida Atlantic University）擔任軟體工程方面的研究助理。他參與的其中一個計畫是自動導航輪椅。本書付梓時，斯皮里多諾夫在佛羅里達一所科技公司擔任工程師。

說到最後，斯皮里多諾夫的故事為頭部移植帶來的問題，和它能解決的問題一樣多。如果卡納維洛真的在 2017 年執行了手術，斯皮里多諾夫是否會死在手術台上，或是在術後不久死亡？還是說，他會抱著有朝一日再次站起來走路的希望，存活至少一段時間？我們永遠不會知道。是否在自己的軀殼裡追求幸福，不管多麼短暫，都勝過用另一具軀殼活得更久？要為自己做這種決定就已經很困難了，更別說幫他人決定。

如果卡納維洛和斯皮里多諾夫能給我們某種啟示，那就是：面對死亡是完全屬於個人的獨特命題。當選擇來到我們手上時，我們有可能把禁忌扔到一邊，也有可能以傳統為依歸。唯一不變的是死亡本身。在何時、以何種方式與之對抗，是我們每個人都必須自己面對的問題。

頭部移植的歷史

當賽吉奧・卡納維洛公開他移植人類頭部的計畫時，許多人還沒了解到，這個領域的實驗已經悄悄進行了超過一個世紀，甚至獲

得某種程度的成功——至少從手術的角度來說。

1908 年：查爾斯·賈斯瑞（Charles Guthrie）把一隻狗的頭嫁接到另一隻狗的脖子上，連接動脈，讓血液先流向切下來的那顆頭，然後再流到原本的頭上。移植的頭失去血流的時間約有 20 分鐘，後來恢復的運動能力非常少。

1923 年：在維也納，生物學家華特·芬克勒（Walter Finkler）進行一系列實驗，把昆蟲的頭互相移植到對方的身體上，還包括跨物種的換頭。他堅稱新 * 的頭可以控制身體，而且換上雌蟲頭部的雄蟲身體開始展現雌性行為。由於昆蟲的循環和神經系統比哺乳動物簡單很多，這個「手術」是用銳利的剪刀切下頭部，然後用滲出的微量體液黏合頭部和現切的身體。**

1950 年代：弗拉迪米·戴米可夫（Vladimir Demikhov）是人類心臟和肺臟移植的先驅，他把小狗的上半身嫁接到別的狗的肩部，產生了具有兩個頭的狗，兩顆頭都可以動、看，甚至舔水。但由於缺乏對抗免疫系統排斥的藥物，牠們大多活不過幾天（雖然其中一例據說活了 29 天）。當時的人對這些實驗不是很高興。戴米可夫醫師過世時，甚至有一則悼詞說，許多外科醫生都不明白這些嫁接狗究竟有什麼醫學價值。

....

* 芬克勒的實驗在當時的《自然》期刊上受到了相當程度的討論。倫敦的一位實驗者 J·T·康寧漢（J. T. Cunningham）報導他交換了麵包蟲的頭，後來發現頭部死掉了，但身體存活了幾天。「在這些實驗的結果當中，唯一令人驚奇的事是昆蟲身體在失去頭部後的強韌生命力，」他寫道。然而，有些昆蟲換頭手術是成功的。生物學家至今仍會進行這種手術，以研究昆蟲的腦產生的激素和其他化學物質如何控制代謝和發育。

** 小朋友請不要自己在家嘗試。

1965 年：克里夫蘭大都會綜合醫院（Cleveland Metropolitan General Hospital）的羅伯特・懷特（Robert White）把六隻狗的腦移植到其他狗的脖子上，以證明腦可以在另一個身體裡存活。這些腦呈現出腦電波活動，且會吸收氧氣和葡萄糖。（但沒有告訴我們它們對於自己被困在另一具身體裡是什麼感想，如果有感想的話。）

1970 年：羅伯特・懷特把一隻恆河猴的整個頭移植到另一隻恆河猴的身體上。根據懷特的報告，這隻猴子可以看、聽、嚐，但懷特沒有嘗試連接脊髓，所以這隻猴子從脖子以下是癱瘓的。牠活了幾天（報告數字不一，從三天到九天都有）。

2002 年：在日本，科學家把大鼠新生兒的頭嫁接到成鼠的大腿，測試一種在氧氣喪失的狀況下為腦降溫以避免腦損傷的方法。這些幼鼠的頭持續發育了三週。

2013 年：賽吉奧・卡納維洛提出人類的頭部移植手術。在《國際外科神經學》（Surgical Neurology International）期刊上，他列出了手術程序，包括精確切斷脊髓，讓傷害減到最低，並使用聚乙二醇來使脊髓連接。

2014 年：卡納維洛的合作者任曉平與他中國的同事報導了小鼠的換頭實驗，製造出黑頭白身和白頭黑身的小鼠。這些小鼠從呼吸器移出後，存活了至多三小時。這不算很久，但藉由保留身體部分的腦幹，身體可以持續控制心跳和呼吸。

2015 年：卡納維洛提出頭部移植的詳細程序。他計畫降低頭部和捐獻者身體的溫度，以減少缺氧造成的細胞損壞，然後以一種他稱為 GEMINI 的程序來使脊髓融合相連。這個程序使用聚乙二醇和電刺激，在其他研究中已顯示可以促進脊髓修復。

2017 年：在中國哈爾濱醫科大學，由卡納維洛和任曉平帶領的團隊移植了第一個人頭——使用的是屍體。這場手術花了 18 小時，是一場演練，為的是了解活體手術過程中的操作問題。他們報告：「這場演練肯定了人類頭部移植手術的可行性，並進一步確認了手術計畫有效。」

最凶殘的哺乳類

同類相殘的殺手名單揭曉

試著想像世界上最凶殘的哺乳動物。不是一揮爪就可以拿下獵物的頂尖捕食者，而是最擅長殺害同胞的動物。你是不是想到了人類？那你就錯了。但你可能會驚訝，在超過 1000 種最常殘害同類的動物中，智人（*Homo Sapiens*）只排行第 30 名。原來，人類只是靈長類這類特別殘暴的動物當中很普通的一員而已。至於動物界效率最高的謀殺者 *，則是個完全不同的物種。

所以，究竟是誰呢？信不信由你，答案是狐獴，一種小巧可愛的非洲哺乳類，屬於獴科，而且因為《獅子王》裡俏皮的丁滿（Timon）而讓人永誌難忘。沒錯，當牠們用後腳站起來瞭望四周的莽原時，看起來確實很可愛──但牠們依然是惡毒的、會殺害寶寶的同類相殘者。大約每五隻狐獴中就有一隻（多數是嬰兒）是被自己的同類殺死的。相較之下，人類因暴力（包括謀殺與戰爭）而死亡的人數，只比百分之一多一點。（讓你參考一下：死於第二次世界大戰的人約占總人口的 3%，是歷史上最致命的衝突。）

和人類不同的是，狐獴沒有受到謀殺或同類相殘的禁忌──或是性別──的束縛。事實上，最常痛下殺手的是雌性。狐獴是母系社會，階級嚴格，群體中具優越地位的雌性通常會阻止地位

---

* 有些修辭魔人對於把「謀殺」一詞用在非人類身上很有意見。我覺得他們可以放輕鬆點。在本書中，這個詞是指透過暴力殺害同種動物──和為了食物而殺害別種動物的「獵食」不同。

較低的雌性交配。如果地位低的雌性生了小狐獴，至尊雌性通常會殺掉並吃掉她的小孩，藉此為自己的子嗣保留較多的資源。這樣的圍剿十分殘酷，雖然我熱愛自然紀錄片，但廣受歡迎的《蒙哥一家的故事》（*Meerkat Manor*），我承認我只看了幾集。裡頭的暴力我實在受不了。

繼狐獴之後，名列前茅的是幾種不同的靈長類，包括猴和狐猴。在某些種類的狐猴當中，致命暴力導致的死亡達所有死因的 17%。其他表現不俗的動物還有獅子和狼等捕食者，但也有其他令人驚訝的物種，例如海獅、南美栗鼠（又叫絨鼠）、一種瞪羚，還有松鼠。

這個排行榜來自第一份對哺乳動物的暴力進行的深度調查，主持者是西班牙格拉納達大學（University of Granada）的荷西・馬利亞・葛梅茲（José María Gómez），時間在 2016 年。葛梅茲和同事梳理了超過 3000 份研究，包括超過 400 萬宗動物死亡事件，跨越了 1024 種不同的哺乳動物，並計算各物種內致死暴力的比例。研究團隊也根據歷史和考古記錄，估計人類在整個歷史中死於暴力的百分比，以及透過演化上的關係，來估計我們的凶殘潛力（因為關係相近的物種，殘忍程度通常也相似）。

有一個模式浮現：在哺乳類演化的大歷史中，致命的暴力是節節攀升的。雖然所有哺乳類在同種衝突中喪命的比例只有大約 0.3%，但在靈長類的共同祖先身上卻有 2.3%。葛梅茲的團隊也計算出，若是靈長類中最早開始演化的猿類，這個數字應是 1.8%。同樣地，早期人類死於暴力的比例為 2%，和舊石器時代人類遺骸的證據相符。

但你若把鏡頭聚焦在人類身上，特別是過去數千年間，那麼暴力就不是持續上升的。反之，它隨著人類歷史的浪潮起起落落。

中世紀特別殘酷，你即使在瘟疫、分娩或飢荒中逃過一劫，也還是有可能被別人殺死。除了血腥暴動、戰爭和宗教征伐之外，還有家族血仇、毆鬥，以及一種靠暴力解決紛爭的普遍風氣。因此，那個時代的記錄暗示，在所有的死亡案例中，人類暴力占了驚人的 12% 之多。

不過從那時起，致命暴力就開始下降了。上個世紀的人類相對和平，根據 2013 年聯合國的一份報告，今日全球的殺人比例（只算凶殺，不算戰爭）只有 0.0062%。

「演化史並不是人類處境的束縛衣。人類曾經變過，也還會繼續以令人驚奇的方式改變，」葛梅茲說。「無論我們原本有多暴力或多和平，我們都可以透過改變社會環境來調整人際間的暴力。如果我們希望打造一個更和平的社會，是做得到的。」

葛梅茲的研究也包含了這個令人感覺良好的部分：有 60% 的哺乳動物種，沒有任何已知的互相殘殺的案例。例如在超過 1200 種蝙蝠之中，鮮少有同類相殘的記錄。而穿山甲和豪豬似乎也和同種成員相處融洽。

概括而言，鯨魚也沒有殺害同類的記錄。但麻州大學達特茅斯分校（University of Massachusetts Dartmouth）生物學家理查・康納（Richard Connor）指出，在 2013 年，有人記錄到一對雄性海豚試圖將一隻剛出生的小海豚溺斃。常會有兩三隻雄海豚集結起來對付落單的雌海豚，有可能這些雄性試圖殺掉小海豚，好讓母海豚接受交配。康納警告，由於鯨魚是海豚的近親，牠們有可能比我們想的更為暴力。「我們有可能目擊卻沒意識到海豚正在進行致命的打鬥，因為受害者游開時看起來雖然沒有外傷，卻有可能正死於內出血，」他說。

不過，動物行為專家馬克・貝可夫（Marc Bekoff）說，我們

往往把動物想像得比實際上更凶殘。貝可夫是科羅拉多大學波爾德分校（University of Colorado, Boulder）的名譽教授，他認為人類和人類以外的動物一樣，大體上是和平的。他也指出，正如我們可以從我們的演化史中找到暴力的根源，同樣也可以找到利他主義與合作的根源。貝可夫引用已故人類學家羅伯特·蘇斯曼（Robert Sussman）的研究，他發現即使是靈長類——侵略性名列前茅的哺乳類，花在打鬥或競爭的時間也不到百分之一。

這很合理：單挑其他個體的危險性很高，而在多數狀況下，好處並不會大過喪命的風險。高度社會性和具領域性的動物最有可能彼此殘殺，這有助於解釋人類歷史的趨勢。許多靈長類都符合這樣的殺手剖繪，但也並非全部：巴諾布猿的母系社會結構大致上是和平的，但黑猩猩就凶殘得多。

理查·藍翰（Richard Wrangham）說，靈長類之間的不同有其重要性。藍翰是哈佛的生物人類學家，以研究人類戰爭的演化出名。在黑猩猩與其他會同類相殘的靈長類之間，最主要的殘殺形式是殺嬰。最常發生的狀況是雄性殺掉與自己沒有血緣關係的嬰兒，以提升自己與嬰兒的母親交配、留下自己基因的機會。但人類不同，通常是成年人彼此殺害。藍翰說：「這個『殺害成人俱樂部』的成員非常少，包括少數社會性和領域性強的食肉動物，例如狼、獅子和斑點鬣狗。」

雖然根據演化上的家族史，人類或許被預期會發展出某種程度的致命暴力，但藍翰說，那種傾向卻展現在令人意外的地方。畢竟同類相殘的比例不是唯一重要的事情，為什麼要殺害同類也同樣重要。

藍翰在他 2019 年的著作《美德悖論》（*The Goodness Paradox*，中文書名暫譯）指出兩種類型的侵略性，各有其生物背

景，而兩種類型都可以導致動物痛下殺手。第一型稱為「反應式侵略」，平均而言人類相對較少發生。藍翰形容這是「熱」型，牽涉到脾氣失控或狂熱式犯罪，而這也是我們在動物界到處都看得到的打鬥型態。它是面臨威脅時的反應，也牽涉到憤怒或恐懼。在多數情況下，人會自我控制，以避免發生這種侵略。（不然每天都會有路怒殺人事件。）

而藍翰主張，相較於其他物種，人類的「冷」型侵略更高，也就是「主動式侵略」。這種侵略是有目標的——無論是為了金錢、復仇、權力或其他東西，而結果就是算計過的蓄意謀殺。智人是主動式侵略大師：它燃起了恐怖主義、校園槍擊，甚至戰爭。

人類之外的動物也會發生主動式侵略，像黑猩猩會襲擊敵對群體的士兵。但貝可夫的觀察是，這樣的情況是很少的。他說：「當人類有暴力行為時，我最討厭有人說『他們就像禽獸一樣』。」他解釋，多數動物（包括人類）花在衝突上的時間其實是很少的——只是在自然特輯中，鮮血就是賣座。他的訊息：我們不能拿自己的血統當作暴力的藉口。

想到人類利用自己非凡的智力，不僅建造了複雜的文明，也發展了更精良的殺人工具，實在令人不寒而慄。但這是事實，而即使我們在動物之間不算是最精良的殺手，我們主動式暴力的卓越能力也使我們更為獨特。我們不能把自己製造的暴力全部賴給「動物天性」。正如藍翰所說，在謀殺傾向這方面，「人類真的格外突出。」

同種相食實用指南

為什麼有些動物會把同類列入菜單

多年前，我任職於路易斯安納州的一家自然中心，工作內容包括照顧展示用的動物。這些輪流展示的動物是教育計畫的一部分，多半是在地物種，例如短吻鱷寶寶、負鼠和蛇。

偶爾，其他動物園和自然中心也會把動物借給我們，例如有一次是東美角鴞（eastern screech owl），雌雄一對。這種體型小巧的貓頭鷹有著一雙大眼和蓬鬆柔軟的羽毛，而且兩隻常緊靠在一起，十分可愛。但在牠們抵達後不久，某天我在餵食時間打開籠子，卻找不到公的那隻。我緊張起來，生怕他是在我的看管之下不知怎地逃走的。我搜遍整個房間，還是沒有他的蹤影。然後我注意到雌鴞胸前有一塊凸起。

果不其然，她後來就把男伴無法消化的部分變成食繭吐了出來。最後我們送還的貓頭鷹只有一隻。事實上，圈養動物在面臨環境改變等壓力時，同種相食並不是那麼罕見。

這個事件讓人不太舒服，部分原因在於那實在太違和了。看起來如膠似漆又如此可愛的動物，怎麼可能把伴侶給吞下肚呢？但自然界並沒有漂亮就不能嗜血的規則。事實是，雖然人類社會大多把同種相食視為禁忌，但動物界對於殺害並吃掉同種成員，態度通常比較務實。

這甚至適用於在我們看來無害的動物，例如海馬。沒錯，廣受喜愛的海馬——迪士尼電影中和小女孩貼紙收集冊裡的海

馬——偶爾會用牠可愛的小尖嘴，像吸塵器一樣把自己的小孩吸進肚子裡。我還可以為你破壞蝴蝶和松鼠的形象。而如果你還養過小兔子——啊，那你可能已經知道了。

動物之所以吃掉同類，有許多理由，而某些物種甚至習以為常。母親吃掉小孩很普通，事實上，蛋和新生兒在動物界是很尋常的同種相食犧牲者。這背後的理由很複雜，有時媽媽吃掉親生小孩可能是因為食物不足，但研究也顯示事情並非總是如此。有些物種會產出過量的蛋或寶寶，然後摧毀較劣勢的個體（例如發育不夠快的）。不過，小孩也可能會同種相食。

有些種類的昆蟲、蠍子、蚯蚓和蜘蛛會「噬母」（matriphagy）。一個驚人的例子是蟹蛛：母親會提供未受精的「食用卵」給自己的蜘蛛寶寶吃。這些蜘蛛寶寶會吃卵，然後慢慢地，把媽媽也吃了。在幾週的時間內，他們會啃咬媽媽，直到她動彈不得，然後把她全部吃掉。至少這不是毫無意義：吃掉媽媽的小蜘蛛通常都很健壯，比起那些比較敬重媽媽的個體，他們體重較重，存活率也較高。（想想，幸好多數嬰兒還沒有產生同樣的想法。）

對我們而言幸運的是，演化的力量是站在人類母親安全這邊的。只有一出生就能自我照顧的動物，才有可能邁向噬母之路。所以就算人類胎兒有牙齒（現在你應該慶幸胎兒無牙了吧？），有噬母傾向的嬰兒就算從媽媽體內自己啃了個出口，到外面後也會發現自己毫無生存能力，也沒有母乳喝。

不過，雖然沒有同種相食的小孩，但人類確曾時不時地吃人——而且我說的不只是連續殺人魔或墜機事故的飢餓倖存者。事實上，考古學家已經在人類的家族史中找到同種相食的證據，可以回溯到 80 萬年前，有些史前骨頭上有和其他動物一樣被宰殺和啃咬過的痕跡。但是為什麼？人吃人是出於需求，還是某種象

徵性的儀式（我們可能很想這樣相信），還是有沒有可能，人類曾經彼此獵食？

有些人類學家認為可能真的是這樣。但英國布萊頓大學（University of Brighton）的考古學家詹姆斯・柯爾（James Cole）懷疑這是否合理。人肉所含的熱量，值得花功夫去獵來吃嗎？他想找到數據，卻發現我們雖然計算了各種東西的熱量，卻從來沒有把人類作為食物計算過。

所以，柯爾自己做了計算，用的是四位成年男性的詳細組成資料。他發現一個 65 公斤重的人擁有的骨骼肌含有 3 萬 2000 卡，相較之下，一頭猛瑪象有 360 萬卡，而一頭紅鹿則有 16 萬 3000 卡。他還製作了一張有點變態的營養成分表，列出人體不同部位的熱量。（如果你哪天不幸需要這份知識，那麼你最好從大腿開始吃：人類大腿的熱量超過 1 萬 3000 卡，相對之下肝臟只有 2500 卡。）

結果，和其他哺乳動物相較，人類並不是特別好的獵物——或許這是吃人並不那麼普遍的另一個原因。柯爾的研究發現，一頭死猛瑪象的肌肉可以讓 25 個飢餓的尼安德塔人吃上一個月，但對同一群尼安德塔人而言，吃掉一個人卻只夠供應三分之一日所需的熱量。（另一個了解這個數字的方法：對一群共 25 名遊蕩的尼安德塔人來說，你就是一頓午餐而已。）

而這不只是因為我們身材相對瘦小。和其他動物比起來，我們每公斤體重也不是很營養。根據柯爾的估計，公豬和河狸每公斤肌肉約有 810 卡，但現代人每公斤只有區區 300 卡左右。這大約是同重量含 80% 瘦肉的牛絞肉的一半。

所以，如果人類作為獵物並不是特別有價值，又何必吃人？畢竟，除非是生病或快死了，否則就算是古代的人類，也不是那麼容易捕獵。「你必須召集狩獵同伴，然後追蹤獵物，因為他們

不會乖乖站在那裡等著你用一根長矛刺死他，」柯爾說。反之，他認為古代的食人行為或許不全是為了填飽肚子。或許對早期人類和他們的祖先來說，吃人還有不同的社會功能。

在某些例子中，吃人可能純粹是出於實際需要。「不是要用它取代大型獵物的養分，」聖路易華盛頓大學（Washington University in St. Louis）的人類學家艾利克·崔考斯（Erik Trinkaus）說，「而是為了在沒有其他食物來源時存活下去。團體中有人死了，於是存活的人吃下已死之人的屍體。」

但其他科學家也提出，在某些情況下，吃人或許是一種選擇。雖然骨頭無法顯示動機，但古代遺跡的確為食人行為提供了少許線索。例如在西班牙的格蘭多利納（Gran Dolina）洞穴遺址，遭到宰殺的野牛、羊和鹿與至少 11 名人類——全都是兒童或青少年——混在一起，且骨頭上有被人吃過的痕跡。除了肉從骨頭上被撕下的痕跡外，證據也顯示格蘭多利納的居民——古代的人類親戚先驅人（*Homo antecessor*）——會吃掉受害者的腦。

在洞穴裡，被宰殺的人類殘骸層疊分布，跨越了 10 萬年，顯示人類不斷出現在菜單上。這些殘骸也和其他以同樣方式處理的動物混在一起，因此一些人類學家推測，這裡的食人習慣或許不是因為食物短缺，也不屬於儀式行為。或許人肉對他們而言是日常飲食的補充品。或者那些年幼的人屬於別的群體，而吃人行為具有「滾開」的示警作用？可惜骨頭不會說話。

倫敦自然史博物館的人類學家西薇亞·貝羅（Silvia Bello）說，以多數史前吃人的例子而言，的確如此。「舊石器時代的吃人行為，屬於『選擇』的情況可能比『需求』更多，」她說。「不過，我認為要找出動機……是非常困難的。」

柯爾承認，從他僅根據少數現代樣本對人類營養價值做出的

有限分析，能做的推論有限。而且顯然，我們的老祖先在選擇晚餐時是沒在算熱量的。

他說，或許真正的結論是，古代人類吃人的理由不只一種。畢竟近幾百年的吃人行為，除了純粹為了存活外，還有許多不同根源，包括戰爭、精神病和神靈信仰。

至少我們並不孤單，就像我照顧過的東美角鴞。「同種相食在動物界非常普遍，」比爾・舒特（Bill Schutt）說，他是長島大學（Long Island University）波斯特校區（Post）的生物學教授，著有《同種相食：非常自然的歷史》（*Cannibalism: A Perfectly Natural History*）一書。他提出，最有可能的情況是，古人能存活下來是因為他們非常懂得見機行事，偶爾也像其他動物一樣同種相食。「讓我們不同的是儀式，是文化，是禁忌，」舒特說。「我們被灌輸了觀念，相信吃人是罪大惡極的事。」

因此，在多數現代社會，吃人不是被禁止，就是只有在緊急狀況才能被接受。有時吃人的理由無關飢餓，例如亞馬遜的瓦瑞族（Wari'）從前會為了哀悼死去的親人而吃一小片他們的肉。即使如此，人肉也不被視為菜單上吸引人的選項。

柯爾說，對他自己而言，計算人肉的熱量有點令人不舒服。似乎曾經有吃人者形容人肉嚐起來像豬肉，當他進行分析時，這個說法一直揮之不去。「我過去這一年來都不太吃得下培根，」他坦承。

開拓陰蒂的新疆界

探索解剖學書籍裡缺席的身體構造

哥倫布「發現」新大陸之後 67 年，另一位名字也叫哥倫布的義大利人宣告自己發現一片小了許多、但同樣神奇而迷人的土地。1559 年，雷亞多·哥倫布（Realdus Columbus）宣布，他發現了陰蒂。

在他開創性的著作《解剖學》（*De re anatomica*）中，雷亞多·哥倫布（義大利文寫成 Realdo Colombo）描述位在尿道開口上方的「某個小地方」是女性性愉悅的主要來源，並愉悅地敘述刺激這個地方的效果。

哥倫布對他的發現著迷不已，而我則想像他熱切地把自己新發現的知識運用在女人身上。無論如何，他都開心地占領了這片土地，但因為找不到已知名稱，他稱之為「維納斯之愛」，amor Veneris。

正如美洲原住民實際上已經在克里斯多福·哥倫布（Christopher Columbus）「發現」的大陸 * 上居住了幾千年，現代女性身體的原住民也保證會對哥倫布宣稱的突破大翻白眼。但在當年，這可是火熱的話題。

哥倫布並不是 16 世紀唯一主張自己是陰蒂發現者的解剖學

---

* 事實上，真正由哥倫布發現的也不是北美大陸本身。他本人從未踏上北美洲的土地。他帶領的遠征隊倒是去了加勒比海、中美洲和南美洲。

家。他的對手加布里埃‧法羅皮奧（Gabriel Fallopius，他更有名的貢獻是發現了輸卵管）當年正在寫一本書，書中直接了當地說自己最先發現陰蒂，言下之意是其他人（也就是哥倫布）想竊取他的發現。法羅皮奧寫道：「如果有其他人談論及此，請明白那是從我本人或我的學生處得知的。」法羅皮奧的書在 1561 年出版時，哥倫布已經死了，但這場對戰還是在歐洲的醫學專家之間激起了一陣波瀾，大家紛紛選邊站。

當然，兩位男士都不對，因為頂多只能說他們「再次」發現了陰蒂。不只有許多心滿意足的女性打從洪荒時代就自己發現了它，而且哥倫布和法羅皮奧都不是最早發表這個身體部位的解剖學文獻的人。法國解剖學家查爾斯‧埃斯蒂安（Charles Estienne）1545 年就已經在自己的書中描述過了，只是他輕蔑地稱之為「可恥的部位」，而且誤認為它擁有泌尿功能。

早在這之前，希臘、波斯和阿拉伯的醫師也都知道陰蒂，雖然所用的名稱不同。希波克拉底（Hippocrates）稱之為 albatra 或 virga，意思是「桿」。阿拉伯學者札哈拉維（al Zahrawi）稱之為 tentigo，意思是「張力」。現在英文中使用的 clitoris 要到 17 世紀才變得普遍，源自古希臘文的 kleitoris，通常翻譯成「小丘」，或者根據其他文獻，翻譯成「碰觸或搔」。（也可能兩種意義都有，然後某個自以為聰明的古希臘人就把它拿來當雙關語了。）

不論叫什麼名字，在哥倫布的時代，並不是每個人都相信有這種新奇的性器官。哥倫布本人師承著名的解剖學家安德雷亞斯‧維薩里（Andreas Vesalius），而維薩里把陰蒂貶為一種畸變，只存在雌雄同體的人身上。「你不能把這無用的新玩意歸給健康的女性，彷彿它是個器官似的，」他寫道。「我從來沒有在任何健康的女性身上看到過陰莖……或甚至是小型陰莖退化的遺跡。」

陰蒂為何受到如此誤解，這就是原因之一。維薩里對一個流行了幾百年的想法堅信不移，認為女性的身體是從男性身體衍生而來的——暗示著女性的生殖道就是把男性版內外翻轉而已。陰道是陰莖翻轉過來，卵巢對應著睪丸，而子宮則對應陰囊。在維薩里的觀點中，只要沒有這個煩人的陰蒂，所有的部分就都解釋得通。

此外，女性擁有自己性愉悅的來源－－而且還不必仰賴插入，這樣的想法讓某些男性非常不舒服。1573 年，法國外科醫生安布瓦茲・帕雷（Ambroise Paré）描寫一種「在某些女人的陰唇中出現的怪東西」，能「像男人的陰莖般〔勃起〕，因此可以用來和其他女人玩耍。」

帕雷接著提到一個故事，說有些非洲男人會阻止這種女性傾向：他們會四處巡邏，「就像我們的〔牲畜〕去勢者，以切除這種贅疣為業。」他說的其實是陰蒂切除，又叫「女性割禮」（female circumcision），這是女陰殘割（female genital mutilation）的一種形式，至今仍有超過 30 個國家施行。

雖然今日陰蒂切除大多盛行於非洲和中東之間的一大遍地區，但很多人不知道，這種手術曾經普遍得多，甚至在維多利亞時期的英格蘭也有過。有個名叫艾薩克・貝克・布朗（Isaac Baker Brown）的成功外科醫師，除了發展出許多婦科手術之外，還把陰蒂切除術吹捧為治療自慰的方法。* 在他出版於 1866 年的《論女性某些形式的精神錯亂、癲癇、僵直症和歇斯底里的可治癒性》（*On the Curability of Certain Forms of Insanity, Epilepsy, Catalepsy*

---

* 布朗相信自慰導致一種神經疾病，一開始是歇斯底里（一種用來統稱所有女性不當行為的古老詞彙），最終導致癲癇和「白癡」。我們不知道布朗對多少女性施行過這種手術。

and Hysteria in Females）一書中，布朗說「陰蒂可以用剪刀或刀子輕易摘除——我一向偏好剪刀。」最後，倫敦產科學會（Obstetrical Society of London）對布朗和他的陰蒂移除術進行審判，最終把他逐出學會。但這種作法還是延續了數十載，甚至流傳到美國。美國最後一次為人所知的陰蒂切除術是對一個五歲女孩進行的，時間是 1940 年代。

從質疑它究竟是否存在，到確認存在了之後又被視為禁忌，不難看出為何陰蒂在醫學研究的陰影中沉寂了那麼久。還要再過 200 年，德國解剖學家喬治・柯貝爾特（Georg Kobelt）才在 1800 年代根據詳細的解剖，使陰蒂的描述有了重要進展。但甚至在進入 20 世紀後許久，有些解剖學教科書還是完全沒有陰蒂的解說圖。有些教科書則只呈現外部，忽視更深的結構。

在教科書中缺席，或許是多數人從來不知道陰蒂實際上長什麼樣子，或到底有多大的原因之一。或許你，像我以前一樣，以為它是個像鉛筆尾端的橡皮擦一樣大的器官。親愛的朋友，那只是冰山的頂端而已。

從體外可見的敏感小點是陰蒂頭，是個神經密集分布的組織，可類比於陰莖的龜頭。像陰莖一樣，陰蒂頭連接著一個軸，然後轉個彎，沒入身體內部。許多人以為事情此就結束——或者頂多在皮膚底下有個短柱狀結構。但並非如此。在陰蒂頭後面，陰蒂的軸延伸 2 到 4 公分，然後分為兩側展開，稱為陰蒂腳（crura），陰蒂腳讓陰蒂的形狀看起來像火雞的叉骨，長度可達 9 公分。到這裡還沒結束。在陰蒂腳內側有一對長形球狀的勃起組織，夾著尿道和陰道。因此那豆子般大的陰蒂頭甚至不及整個結構的十分之一。

陰蒂長而彎曲的雙臂和懸垂的球體，讓我想起花朵的性器官，也有點像半隻章魚。而且，如果讓我坦白說，它也讓我想起 1953 年《宇宙大戰》（*War of the Worlds*）電影中的外星人太空船。影片中的太空船本體形狀像迴力棒，頂上有個彎曲的脖子和戴著兜帽、微微發光的頭，裡面藏著致命的雷射槍。我想我還是把它比喻成花朵比較好，雖然我覺得陰蒂裡頭有把雷射槍也挺棒的。無論如何，那都不是我以前想像的模樣。

到了某個〔咳咳……嗯……〕的年紀，卻還不知道陰蒂遠遠不止眼睛看到的那樣，還蠻令人尷尬的。但我愈想愈生氣。為什麼沒有人告訴過我這些？好吧，最可能的情況是，我的生物老師裡其實沒有一個人知道這些。我剛才描述的解剖構造，並沒有發表在那些地理大發現時代的泛黃論文裡。不，第一篇完整描述陰蒂構造的科學論文——包括球狀結構、神經和血管的細節——是在 1998 年發表的。

帶來這份突破的女性是海倫‧歐康奈爾（Helen O'Connell），她也是澳洲第一位女性泌尿學家。她是皇家墨爾本醫院（Royal Melbourne Hospital）泌尿科忙碌的外科醫生，為男男女女修復下泌尿道的脆弱組織，讓病患可以尿尿，或不要尿尿，看問題屬於哪個方面（她的專長是尿失禁和尿路阻塞）。

在她受訓的過程中，歐康奈爾注意到，外科醫生在攝護腺手術中會小心避開對男性的性功能有重要影響的神經和血管。但當她查閱教科書，想知道陰蒂神經和血管的詳細分布情形時，卻找不到資訊。女性性器官的解剖構造缺乏詳細地圖，因此她沒辦法確定自己是否會造成傷害。

歐康奈爾決定要解決這個問題。她自己進行屍體解剖，並與歷史上的解剖學文獻比較。柯貝爾特在 1800 年代畫的圖大致正確，

他只是沒有把各個部分連結起來，成為一個完整的構造。更糟糕的是，隨著時間過去，他描述的細節還從解剖圖中消失了。（例如在經典教科書《格雷式解剖學》（*Gray's Anatomy*）的 1948 年版中，陰蒂就被省略了。）

於是在 1998 年，歐康奈爾在《泌尿學期刊》（*Journal of Urology*）發表了〈尿道與陰蒂的解剖學關係〉（Anatomical Relationship Between Urethra and Clitoris）一文，顯示陰蒂比絕大多數教科書描繪的更大、更複雜許多。不僅神經束比《格雷式解剖學》描述的大得多，而且當歐康奈爾解剖屍體時，還發現有兩大片勃起組織夾抱著陰道（在教科書裡被神祕地稱為「前庭球」）。由於這兩片組織與陰蒂直接相連，她將之重新命名為「陰蒂球」。

我和歐康奈爾透過 Skype 和墨爾本辦公室裡的她進行訪談。她親切而務實——正是那種看著男女病患的尿道時，可讓病患感到安心的人。我們討論「clitoris」（陰蒂）一字的發音時，她把一縷垂下的金髮撥到貓眼型眼鏡後面。她把重音放在第一個音節，而不是第二個。「很有趣對吧，」她說，「因為《歡樂單身派對》（Seinfeld）裡有一集，主角故意找個和『Dolores』押韻的字。我想那是英式和美式英文的不同。」就像番茄（tomato）的不同唸法。

就在歐康奈爾一邊進行外科工作一邊繼續她的陰蒂研究時，她的同儕也開始關注這件事。2005 年，她發表了更為透徹的回顧式評論，包含了現代磁振造影（MRI）研究，以及陰蒂組織的顯微結構描述。這個研究為一個古老的性之謎團提出了一個可能的答案：所謂的陰道高潮的來源。很多人認為，不牽涉到陰蒂的陰道高潮是一種迷思，有如獨角獸，美麗但卻不可能。陰道就是沒那麼敏感。

這場爭論包裹在層層的性別歧視和一份不容小覷的憤怒

中──主要是針對著名的精神分析師佛洛伊德。1905 年，佛洛伊德主張健康的女性在成熟過程中，會從陰蒂引發的高潮轉向陰道高潮，因而陰蒂高潮是一種幼兒的、不成熟的現象。如果一位女性不能單純透過陰道插入獲得高潮，表示她有某種問題。

最終，女人受夠了男人打著科學的旗號告訴她們該如何達到高潮。但還是有一些女性表示自己確實有陰道高潮，這就讓人好奇了：她們體驗到的究竟是什麼，又是如何達到的？於是有了 G 點＊，也就是位於陰道內壁前方的某個區域。有些女性說那裡夠敏感，可以在插入時引發高潮。

歐康奈爾著手尋找 G 點，共解剖了 13 具屍體。2017 年，她指出在陰道壁無法找到那樣的結構。但在 2005 年的研究中，她已經描述過陰蒂的勃起組織如何環繞尿道和陰道，而三者相會的地方的確就在陰道壁前方。她寫道：被我們稱為 G 點的，實際上有可能是三者集結之處，可透過對陰道壁施予壓力來刺激。

如果要測試這個想法，就必須有人實際觀察性交時到底發生什麼事。所以在 2010 年，一個法國研究團隊請了兩名本來就是伴侶的醫生，用超音波（和探測胎兒的超音波掃描是同樣的設備）監測性交期間的女性陰道壁和陰蒂。

這或許不是這對伴侶生命中最棒的一次性交，因為地點在婦產科辦公室的一道簾幕後面，但卻是科學家好好觀察性交中的陰蒂最棒的一次機會。而果不其然，答案出現了：他們指出，「插入性交期間，陰道壁前方與陰蒂根部被擠到了一起」。看來，陰道高潮的來源可能真的是陰蒂，只是是從另一頭得到刺激。每個

＊　G 點以恩斯特・葛萊芬貝格（Ernst Gräfenberg）命名，他是個德國研究者，在 1940 年代首次提出有這個點存在。

女性的陰蒂大小和形狀都不同，再加上這些結構在性交時也會稍微移位，這就有助於解釋為什麼神祕的 G 點似乎不是對每個人都管用。

因此，你可以說 G 點從來就不曾存在（因為它實際上是陰蒂），也可以說它獲得了平反（因為位置正確），端看你看待這件事情的角度而定。有些擁護者依然相信那是實際存在於陰道壁內的構造，反對者則完全否認它的存在。但在大眾文化中，你可以說歐康奈爾的想法已經開始扎根。例如《柯夢波丹》（Cosmopolitan）等雜誌已開始告訴讀者 G 點和陰蒂的關係——只是對多數人來說，終極證據還是得在性的愉悅（或缺乏）中尋找。

與此同時，歐康奈爾的解剖學研究已帶動了陰蒂的性革命，也有人透過她的研究來對男男女女進行性教育。女性解剖學的教育的確已經蓄勢待發。在 2010 年一份對美國中西部大學生的調查中，超過四分之一的女性和將近一半的男性無法在圖解中指出陰蒂，即使列出可以對照身體各個部位的文字也一樣。

所以在 2012 年，藝術家蘇菲亞·華萊士（Sophia Wallace）展開了一項絕妙的計畫，名為 Cliteracy（結合「陰蒂」和「識字能力」兩個詞彙），以一系列創作來展現陰蒂的美麗與榮耀。連教科書也開始覺醒。2017 年，法國的教育運動者催促法國最大的出版者，要在女性解剖學的圖解中放入解剖學上正確的陰蒂結構圖。經過六年的公眾意識運動後，事情終於實現。過程中，他們還曾在南法蒙特佩利爾（Montpellier）附近的農田中，以割草的方式畫出了解剖學上精確的陰蒂圖，全長有 120 公尺。它看起來就和歐康奈爾描繪的一模一樣，雖然當地媒體發現這圖畫的是陰蒂（而不是像他們說的半球大蒜）之後有點驚訝。

一點一滴地，陰蒂正開始得到它應得的重視——而且醫學界

搞清楚這件事還只花了幾千年而已。但它每一次被「發現」，我們對這個重要器官的了解都往前邁進一步。如果一切順利，或許有一天，我們能夠像辨認雄性符號那樣，一眼就認出陰蒂的形狀。

女性的一大步

為什麼月經在今日具有文化意義

莎莉·萊德（Sally Ride）的衛生棉條可能是全世界最受討論的月經產品。在 1983 年萊德成為美國第一位上太空的女性之前，科學家都在思索她要帶什麼樣的衛生棉條前往人類的最後疆界。他們給棉條秤重，還請美國航太總署（NASA）的專業嗅覺專家來聞聞看（該帶無香的還是有香的？），為的是確保在密閉的太空艙裡氣味不會變得太重。工程師也思考她在太空中一週到底需要用到幾條（「100 條對嗎？」他們問她，這件事後來變得很有名）。

工程師是為了考慮周全，據說他們把所有衛生棉條用細線串起來，避免在太空中飄散。我想像莎莉·萊德的棉條在太空梭裡像成串的香腸般飄來飄去的樣子，不知道是不是曾有男太空人不小心靠近，發現之後又尷尬地飄走。

雖然他們很努力，但我們仍可以安全地推測，月經令 NASA 的男士們不自在。當女性成為太空人時，不只引來典型的疑慮，例如她們會不會在月經來潮時變得情緒脆弱或無法勝任工作，還有在太空中月經週期會不會亂掉。在沒有重力的情況下，經血還有辦法從子宮中流出來嗎？說不定血液會全部積在體內，或甚至從輸卵管倒流到腹腔——這是一種稱為「經血倒流」的可怕病症。

說到底，總必須有人 * 試看看。結果事情……也沒什麼。事實

....

* NASA 從未說明那個人是不是萊德。

證明，子宮在無重力條件下排出內膜的能力很好（畢竟躺著似乎也沒什麼妨礙）。處理太空中的衛生棉條可能有些麻煩，而太空中的經痛也不會比地球上的經痛輕微。但 NASA 最後認定，月經期間的太空人是可以安全飛行的。

時間快轉到今天，莎莉‧萊德的棉條上太空已經超過 30 年。科學家提出一種與女性太空人和一般女性都有關的可能性：或許我們根本不需要月經。而且我們有這種技術。複合口服避孕藥，或簡稱避孕藥，可以持續服用，不必停用一週來促進出血。這是目前已知對不想在出任務期間月經來潮的太空人最好也最安全的選擇，瓦爾莎‧賈恩（Varsha Jain）說。賈恩是婦科學家，也是倫敦國王學院（King's College London）的客座教授。2016 年，她和 NASA 的首席藥理學家維吉尼亞‧沃特林（Virginia Wotring，她受邀為太空人推薦避孕方法 *）在《NPJ 微重力》（*NPJ Microgravity*）發表了太空中的月經研究。植入式避孕棒（contraceptive implant）和子宮避孕器（IUD）也是選項，但避孕藥在太空中已經有優良的紀錄。

事實上，不只女太空人試過連續服藥法（只是不像莎莉‧萊德的太空棉條那麼高調），地球上也有愈來愈多女性選擇不再經歷月事。投票顯示，約有三分之一的女性覺得自己需要有每個月來潮的經血，因為那顯得很自然，而且可以從中確知自己沒有懷孕。但賈恩說，沒吃避孕藥那週的出血不見得是必要的，甚至不是那麼自然。服用避孕藥的女性並不會增生那層必須剝落的子宮內膜，而出血也不能保證沒有懷孕。

....

* 這不是因為 NASA 真的擔心太空中的安全性行為，他們只是不希望女性在即將出任務前懷孕。至於任務期間的性行為，是有一些謠傳，特別是第一對夫妻檔太空人於 1991 年一起上太空之後。但 NASA 的官方說法是，他們並未聽說有任何人在太空中性交，也沒有進行過任何牽涉到性行為的實驗。

當然，避孕藥本身確實有一些風險：可能會發生腿部和肺部的血栓，而對不同的癌症也有不同程度的風險。根據一份發表於 2018 年的大規模研究，對於服用避孕藥的女性，乳癌和子宮頸癌的風險可能較高，但卵巢癌和子宮內膜癌的風險卻較低。而雖然研究者並未發現每月多服用一週會造成比較高的健康風險，但有一些證據顯示，對於計畫懷孕的女性來說，月經可能對子宮的健康有好處。說到最後，還是要靠你自己來判斷。

至於長程太空旅行，刪除月經可能還有額外的好處。賈恩和沃特林寫道：「在國際太空站的美國這一邊，廢棄物處理系統中從尿液回收水的設計，沒有辦法處理經血。」如果一名女性在太空中待三年，例如前往火星再回來，大約會需要 1100 顆避孕藥。這對任務來說會增加一點點重量，但比起所需的棉條來說卻輕巧得多。

NASA 能以比較自在的態度看待女性進行太空旅行這件事，著實令人寬慰。畢竟，如果我們要殖民別的星球，就一定必須把太空生殖的機制想得更清楚。就算沒有要殖民，也會有愈來愈多女性上太空，就如同她們已經融入更多行業一樣。自莎莉・萊德的「女性首度」＊美國太空任務以來，已有超過 40 名美國女性上過太空。而雖然整個歷史中女性太空飛行者只占 11%，她們正慢慢追上腳步：2013 年的太空人訓練課程中，女性學員第一次達到 50%。

雖然有愈來愈多女性帶著月經上太空、上戰場、參加奧運競賽，

....

＊　莎莉・萊德是第一位上太空的美國女性，但並不是第一位上太空的女性。1963 年，蘇聯宇航員瓦倫蒂娜・泰勒斯卡娃（Valentina Tereshkova）拔得頭籌，而將近 20 年後的 1982 年，斯韋特蘭娜・薩維茨卡婭（Svetlana Savitskaya）成為第二位上太空的女性。莎莉・萊德是第三位。

但月經在世界各地仍然是禁忌的話題，只是程度不一而已。在美國，如果在公眾場合提到自己的月經，通常會被認為是說了太多不必要的話，而衛生棉條廣告也只會用很隱晦的方式來呈現自己產品的用途。在印度某些地方，月經來潮的女性被視為不潔，所以不能準備食物。而直到 2018 年，尼泊爾才明令禁止「月經小屋」（chhaupadi）這種習俗，根據這種習俗，月經來潮的女性只能自己住在一個小屋內（通常只是一個骯髒的小棚屋）。她們在那裡不准碰觸其他人，但自己卻有被強暴甚至是殺害的危險。聲援尼泊爾女性的人擔心這個禁令會被忽視。

　　然而，有個新的世代正在對抗月經禁忌。人不只更常討論月經，現在甚至還有一個詞叫「月經貧窮」（period poverty），指的是月經教育和月經衛生的缺乏。世界各地都有人正在努力結束這種貧窮。其中一位是印度的「護墊俠」（Pad Man）。當阿魯納恰拉姆・穆魯根南特姆（Arunachalam Muruganantham）看到新婚妻子把某樣東西藏在背後時，他想看看到底是什麼東西。她說：「不關你的事。」但他快速跑到她背後，發現她拿著一塊骯髒的布，是當作月經來潮時的護墊用的，因為店裡賣的衛生棉實在太貴了。

　　穆魯根南特姆決定自己可以給她更好的選項。他剖開衛生棉、弄清裡面的組成後，發明了一台低成本的機器，可以製作簡單的衛生棉，價格只要店舖售價的三分之一。他找不到任何願意試用的女性，於是他自己嘗試。穆魯根南特姆在一場 TED 演講中解釋：他把動物的血裝在瓶子裡，然後把瓶子穿戴在腰間。「有一根管子通到我的內褲裡，我就這樣騎車走路，」他說。「那五天令我永生難忘。超麻煩，超討厭，還溼溼的。」TED 的觀眾聽得哈哈大笑。

　　今日，他把他的發明引介給偏鄉女性，讓她們製作便宜的護

墊，已經有好幾百台機器正在運作中。2014 年，穆魯根南特姆入選《時代》雜誌百大人物，而寶萊塢電影《護墊俠》（Pad Man）則描繪了他的故事。

　　「我的願景是把印度變成百分之百使用護墊的國家，」穆魯根南特姆告訴 BBC。「月經不再是禁忌。」我不確定他說的是否完全正確，但我也希望那天盡快到來。

戀屍癖

理解動物界最變態的性行為

那是西雅圖一個美麗的春天，櫻桃樹開滿粉紅色的花朵。兩位科學家和一個紀錄片攝影團隊聚在一起，觀看一隻鳥的葬禮。這鳥是隻烏鴉，科學家告訴攝影組員接下來會發生什麼事。通常，烏鴉會聚集在死亡同伴四周群飛，大聲啼叫，這種葬禮行為稱作「擬攻」（mobbing），科學家常常看到。但這次卻不是這麼回事。

反之，現場第一隻烏鴉舉起尾部，壓低翅膀，闊步走向同伴的屍體。現場其中一名科學家是華盛頓大學（University of Washington）的研究生凱莉・斯威夫特（Kaeli Swift），她後來在自己的部落格上寫道：這令她感到困惑。那隻鳥昂首闊步的樣子像是求偶行為，而不是平常的警戒呼叫。然後難以置信的事情發生了：這隻活生生的烏鴉騎到死鳥上，開始狂亂地與之交配。

「那是心肺復甦術嗎？」一名工作人員問道。不是，科學家解釋。他們剛剛目睹了烏鴉的戀屍癖＊（necrophilia），也就是與屍體性交。

戀屍癖或許是最駭人的禁忌行為。它不只是對死者的褻瀆，而且這種禁忌似乎也具有生物和演化上的明確基礎：與屍體性交

....

＊　有些人認為「戀屍癖」指的是迷戀屍體（畢竟有「戀」這個字），而與屍體交配的動物並沒有同樣的心理狀態，因此不適用戀屍癖一詞。然而，生物學家也會用「戀屍癖」來指與屍體進行實質性交的行為──而我也把動物的情緒狀態和喜好暫時放一邊，以這個方式使用這個詞彙。

有染病的風險，而且明顯對繁殖無用。但動物界卻有許多成員沒那麼介意，因為已知有過這種行為的動物名單很長，包括多種鳥類（例如企鵝*以及在這件事上相當出名的綠頭鴨**）、蛙類、蜥蜴、靈長類，以及至少一種海獺。當然，還有偶爾為之的智人。這種狀況一般被認為很少發生，因為這通常***是在浪費繁殖的力氣。但實際上，沒有人知道動物世界裡的戀屍癖究竟有多普遍——唯一的例外是烏鴉，這要感謝斯威夫特的實驗。

斯威夫特並非一開始就決定要成為烏鴉戀屍癖專家，但 2015 年那個春天改變了一切。她那時對烏鴉死亡行為的博士研究已經頗為深入，也證實牠們吵鬧的葬禮群聚行為至少有某種功能，是對群體警示潛在的危險。根據她的觀察，當烏鴉形成擬攻時，附近通常有明顯的危險，且活烏鴉會與死者保持安全距離。

但這隻戀屍癖的烏鴉擾亂了斯威夫特的研究。為什麼牠試圖與死去的同伴交配，而不是呼叫其他活著的同伴？牠沒認出另一隻鳥已經死了嗎？還是因為附近沒有捕食者的身影而糊塗了呢？

....

*　企鵝看起來雖然可愛，卻是地球上數一數二的性放蕩者。由於置身嚴酷的環境，交配窗口還十分短暫，公企鵝的性慾非常強。1911 年，南極探險家喬治・穆瑞・李維克（George Murray Levick）描述了公企鵝的戀屍、強暴、雞姦與自慰行為。基於他所受的愛德華時代教養，李維克深深感到難以接受。他寫道：「這些企鵝似乎全低下的罪行都做得出來。」他的報告被認為過於驚世駭俗，因此倫敦自然史博物館在上面標註「不得公開」，在櫃子裡藏了一個世紀。

**　1995 年，荷蘭生物學家基斯・莫里克（Kees Moeliker）觀察到一隻公綠頭鴨和另一隻剛因撞擊窗戶而死的綠頭鴨交配。整件事持續了 75 分鐘，並造就了第一篇記錄綠頭鴨同性戀屍癖案例的文章。這篇報導為莫里克贏得了搞笑諾貝爾獎（Ig Nobel Prize）（「乍看令人發笑，之後發人深省的成就」），後來也成了精采有趣的 TED 演講。

***　但並非總是如此。科學家曾在一隻雄蛙身上觀察到「功能性戀屍癖」。這隻蛙是亞馬遜的 Rhinella proboscidea，他騎到一隻死掉的母蛙身上，擠壓她的身體直到卵釋放出來，然後讓卵受精。由於蛙類本來就是把卵釋放到水中，這些受精卵可以長成蝌蚪，所以這種性行為在「功能上」是有用的。

「我的指導教授研究烏鴉已經 30 年，而他也從來沒看過戀屍癖。」斯威夫特告訴我。

要臆測一隻動物在想什麼並不容易。斯威夫特和指導教授約翰・馬茲拉夫（John Marzluff）設計了審慎（但看起來可能很怪異）的實驗，來確定擬攻行為是否對烏鴉有某種好處。在實驗中，自願者手上拿著烏鴉標本接近烏鴉群，看牠們如何反應。烏鴉通常會圍繞自願者，大聲斥喝，有時還會對著手持鳥屍的人類俯衝過去。

讓這個場景更超現實的是，每個自願者接近烏鴉時都戴著同樣的乳膠面具。這不只是看起來毛骨悚然，還讓情況像是同一個人不斷拿著死烏鴉出現。幾週後，烏鴉會圍攻斥喝任何戴那個面具的人，即使他們手上沒有烏鴉標本，顯示烏鴉已經學會辨認那張臉是一種威脅。斯威夫特和馬茲拉夫還試過一些變化，包括死鴿子和看似活生生的老鷹標本。之後他們的結論是：相對於別的物種，烏鴉的確對自己同胞的死特別關心，而且果不其然，牠們是利用「葬禮」行為警告同伴附近有捕食者，例如鷹。

知道了這一切之後，斯威夫特想釐清烏鴉為什麼會和死掉的同伴交配，又有多常發生。這需要更奇怪的實驗。這一次，斯威夫特徵召了一個同學去學習標本製作技巧，做出不同姿態的「活」烏鴉和「死」烏鴉。接下來三年，每年春夏，斯威夫特都為數以百計的烏鴉獻上她的標本。

和先前的研究不同的是，這次死烏鴉附近沒有「捕食者」徘徊。有比較多烏鴉放大膽子接近並碰觸屍體。24% 的烏鴉啄或拉扯屍體，有時甚至加以破壞。事實上，牠們非常暴力。斯威夫特用掉了幾十個標本，還有從當地野生動物復育設施取得的鳥屍。

結果，在斯威夫特的試驗中，戀屍癖發生的比例約為 4%。這

些事件幾乎只發生在春天,也就是牠們的繁殖季初期,而斯威夫特認為這種行為應該與牠們體內較高的激素濃度有關。「牠們在那個時期的領域性非常強,也是不能容忍任何損失的時候,」她說。基本上,當一隻烏鴉發現死烏鴉時,一方面會警戒,但同時體內的激素也讓牠更具侵略性、性慾也更強。看來,對少部分個體來說,牠們的線路因此短路了。

至於另一種看似比較簡單的解釋,也就是烏鴉誤把死鳥當成了活鳥,斯威夫特並不認同。在她的實驗中,對姿態挺立(如同活著)和平鋪(如同死亡)的標本,這些烏鴉的反應是不一樣的。只有在標本看起來像死鳥時,烏鴉才會進行一貫的葬禮行為,顯示牠們能夠分辨死活,應該不是在無知的狀況下去和死鳥交配。

至於其他動物又如何,誰知道?烏鴉非常聰明且細心。斯威夫特說,或許其他動物沒有足夠的能力辨認一隻動物是否死亡。或許情況依物種而異。像大象、海豚、靈長類和鴉科鳥類(包括烏鴉、渡鴉和其他親戚),這些聰明的社會性動物可以注意到同伴的死亡,甚至在親近的同胞死亡時顯出哀悼的行為。牠們的哀悼行為不見得都是漂亮的畫面——有的母黑猩猩會一直抱著死去的嬰孩好幾天,甚至幾個星期,但很顯然,牠們的感覺是很強烈的。

至於我們人類,在看到其他動物不遵從我們認同的生活方式時,往往會投予批判的眼光。我們讚揚信天翁等動物,因為牠們會與伴侶締結終身,但卻忽略牠們也會「外遇」的事實。我們也絕對不喜歡想像穿著燕尾服的企鵝和屍體交配。

但這顯示的,與其說是某種自然律,不如說是我們自己對於道德敗壞的不舒服。我們情願相信自己的價值觀符合宇宙運行的道理,有如繡在枕頭上的甜美字句。但宇宙可沒有這麼仁慈——

反之，我們只能自己設定規則，然後遵守。

　　當然，有時還是會有人打破這些規則。以戀屍癖為例，人類的動機甚至比烏鴉還難以理解。最有名的一些案例（雖然不是最普遍的情況），是凶手玷汙受害者的屍體。這些駭人聽聞的名單包括惡名昭彰的連續殺人犯傑佛瑞・達默（Jeffrey Dahmer）、泰德・邦迪（Ted Bundy）、艾德・蓋恩（Ed Gein）和艾德・肯培（Ed Kemper）。但我認為最奇怪、甚至可能更令人費解的一個案例，是放射科技師卡爾・馮・柯瑟（Carl von Cosel，又名卡爾・坦澤勒 Carl Tanzler）。

　　1926 年，馮・柯瑟拋下自己在德國的妻女，航向美國佛羅里達州的基威斯特（Key West），並在那裡愛上了一名女屍。喔，他們相遇時她還沒死。瑪莉亞・艾琳娜・米拉格羅・德・霍約斯（Maria Elena Milagro de Hoyos，人稱「艾琳娜」）是個 22 歲的尤物，擁有勾人魂魄的眼睛——以及結核病。她在 1931 年死於結核病，馮・柯瑟悲痛欲絕，出錢為她建造墳墓，以方便自己去看她。他每天都會坐在她的墳墓裡，據說還牽了一條電話線，以便與她「通話」。

　　但這還不夠。為了與艾琳娜有更實質的接觸，有一天夜裡，他從墓中偷出她的屍體，帶回自己家中。由於經過防腐處理的遺骸已經敗壞變質，他便用浸過蠟的絲線和石膏把她的皮膚縫合補上，讓她躺在自己床上，全身穿戴整齊，飾以珠寶，還戴上用她自己的頭髮做成的假髮。

　　馮・柯瑟和這具屍體相伴了七年，直到事情敗露，屍體被取走。那時，盜墓罪的時效已過，因此他無罪釋放。12 年後，馮・柯瑟獨自在家中死去，身邊有一個真人大小的艾琳娜娃娃。又過了多年之後，有醫生宣稱，驗屍時真正的艾琳娜的遺體上留有戀屍癖的證據。

　　馮‧柯瑟的故事中，讓人揮之不去的是他戀屍癖背後的動機。他自己的供述是對一個女人執著的愛。這與連續殺人魔戀屍癖的征服式虐待狂慾望非常不同。而有趣的是，當時的人也以同樣浪漫的眼光看待馮‧柯瑟的罪行。當時的報紙常把他形容成一個無害的怪胎，因為對艾琳娜無法止息的愛而墮落。當地的《基威斯特市民報》（Key West Citizen）稱他是「有史以來最貨真價實的浪漫主義者」。在他被捕後，有兩個當地居民為他提出 1000 美元保釋金，告訴報紙：「我們這些了解他的人，認為他應該要無罪釋放。」而其他人也同意：全國各地都有人寫信來支持他。

　　至於他心愛的艾琳娜，她的遺體在馮‧柯瑟家中被找出來後，被公開展示，吸引了超過 6000 名好奇的參觀者，包括獲准離開學校去參觀遺體的學童。顯然大家沒有嚇到不敢看，雖然有關性的部分在當時並沒有公開。（假若有公開，或許大家就會覺得這整件事情沒那麼迷人了。）

　　不論你認為馮‧柯瑟是無藥可救的浪漫主義者還是噁心的變態狂，他都為我們提供了一個罕見的機會，可以窺看一個不是殺手的戀屍者的腦袋。由於這類案例很少公開報導，對他們的心理研究也十分有限。不過現有的研究顯示，他們通常是害怕被拒絕、且對屍體發展出幻想的男性，這種幻想有時是在實際看到屍體之後產生的。他們開始把自己的慾望和恐懼投射在屍體上，而屍體永遠不會抵抗或拒絕他們。某方面來說，他們不適當的性慾和烏鴉有那麼一點相似──雖然心理上複雜得多。

　　研究過戀屍癖的心理學家說，多數戀屍者都和馮‧柯瑟一樣，不是殺人狂。1989 年，精神科醫生強納森‧羅斯曼（Jonathan Rosman）和菲利普‧雷斯尼克（Philip Resnick）回顧 112 件案例，結論是「雖然戀屍癖因其行為的怪異本質，常被視為『瘋狂』，

但在真正的戀屍癖中，只有 11% 的樣本屬於精神病。」在他們認為是「真正」戀屍癖的 54 人中（定義是持續對屍體感受到性吸引力），28% 曾犯下殺人罪。研究中具有戀屍癖的人，92% 是男性。多數人智商正常，且有工作（常在醫院、墓園或太平間）。有四分之一已婚。

這些都不是要為戀屍癖找藉口，而是要嘗試了解它。與屍體性交之所以是禁忌，確實有很好的理由的：至少，它觸犯了己所不欲勿施於人的黃金法則（因為多數人應該都不會想要這種事「發生在自己身上」）。

戀屍癖在許多國家和美國大部分的州都被視為犯罪，但不是全部：聯邦法中沒有禁止戀屍癖的條文，而某些州並沒有起訴戀屍癖的特定法律。正如俄亥俄州立大學（Ohio State University）的社會科學家約翰・特羅伊爾（John Troyer）指出，只有四個州明令禁止戀屍癖，而其他州則有語意較模糊的「違反善良風俗罪」或「虐待屍體」。那麼，既然大眾對此幾乎一致感到驚駭，為什麼沒有更清楚地把它界定為違法行為呢？

答案或許和我們自己的不舒服有關。根據特羅伊爾的觀察，要將戀屍癖納入法律，我們必須先承認它存在，然後公開討論這條法律的好處。而這，又會引出多數人寧願不要去思考的問題，包括屍體是否仍算是一個人（在法律之下，一般而言屍體不具有人格地位，因此不適用強姦法）。而如果屍體不是人而是物，誰又「擁有」它？

然而，和多數禁忌一樣，忽略情況是有代價的。威斯康辛州的檢察官在 2006 年以艱辛的方式體會到這件事。有三個年輕人挖開了一位剛死不久的年輕女性的墓並且意圖侵犯，檢察官提出意圖性侵的指控，但被駁回。法官的裁決是，威斯康辛州的法律沒

有明白禁止戀屍癖。這個案件一直上訴到最高法院，最後終於在2008 年裁定：屍體可以被認定為性侵犯的受害者＊。也有其他州不得不在遇到問題時處理法律問題。本文撰寫時，堪薩斯、路易西安那、內布拉斯加、新墨西哥、北卡羅來納、俄克拉荷馬和佛蒙特州都沒有禁止戀屍癖的法律。

雖然我們可能不願意承認，但人類與動物界其他同類相殘、同種相食、以及與屍體交配的動物有很多共通之處。但沒有關係。畢竟，讓人類與眾不同的，並不是我們的動物天性，而是我們決定要設下禁忌。這也是為什麼時時重新檢視禁忌是件好事，也要確保那些禁忌使我們的世界更適合居住。禁忌應該要保護我們，不讓我們對自己和他人做出最糟糕的事。至少從這種角度來說，禁忌可以讓我們自由。

＊ 最後這三個人在 2010 年判刑。其中兩名因意圖進行三級性侵犯而入獄服刑，另一人因竊盜和破壞墳墓罪而判監禁 60 天。

戀屍癖

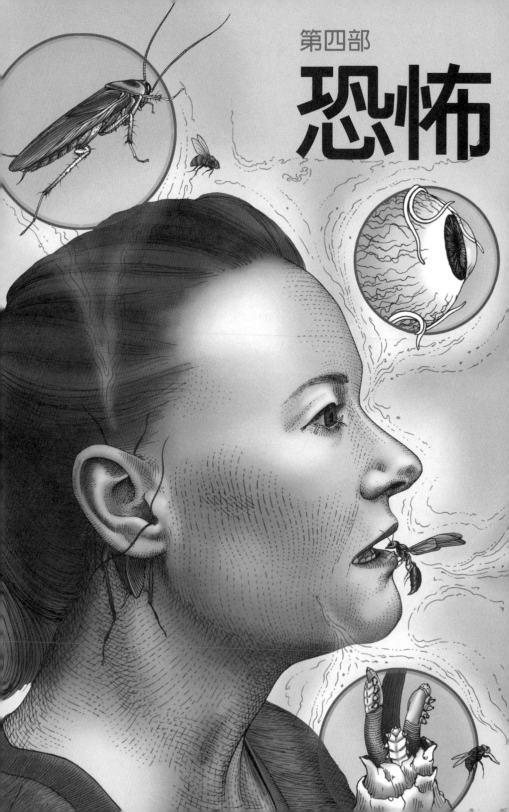

第四部

恐怖

爬行者

滾開！

為什麼某些物種會讓我們渾身不舒服？

前陣子，我為昆蟲侵擾的主題採訪一位女士，結果她反問了一個令我意外的問題：「那麼，你怕蟲嗎？」

當然，我不應該怕蟲的。我的專業是生物學，也是科學作家。從牠們炫目的色彩與形狀到令人驚異的行為和演化，昆蟲都是我最著迷的主題之一。（請看一段孔雀蜘蛛的求偶舞，然後告訴我你不喜歡。）然而……

我告訴她：老實說，有些蟲的確讓我有點抓狂。我欣賞美洲蟑螂的強韌，但只要看到一隻蟑螂跑過去，我就會想起曾經有一隻大蟑螂鑽進我的浴袍裡。我可以感覺到牠在我肚皮上亂爬，想要飛走，而我簡直就是從浴袍裡飛出去的，在家裡裸奔。我或許可以欣賞自然界種種噁心的光輝，但對於多數人感到恐怖和討厭的爬行蟲蟲一族，我依舊沒能免疫。

人類對某些動物有著近乎普遍性的厭惡，而這些動物就像我浴袍中的蟑螂，通常是以最親暱的方式與我們接觸的種類。這包括住在我們毛囊中的蟎、乘著我們身體馳騁全球的蝨子。蝨子的演化和人類如此密切，因此發展出遺傳上有著明確差異的三個類型：頭蝨、體蝨和陰蝨。另外也有入侵我們家中的害蟲，像是蟑螂、蒼蠅、老鼠，還有讓我們徹底感到害怕的種類——那些會叮咬、會寄生，或用牠們的恐怖力量威脅我們的物種。

這些動物也讓我毛骨悚然。但讓我告訴你兩個故事，這兩件

與恐怖動物近身相交的親身經歷，多少改變了我的看法。第一個故事和蒼蠅有關，第二個則是老鼠。從人類的觀點來說，兩者都是地球上最下等又最受唾棄的動物：住在下水道和人類家中的溝鼠，以及群聚在屍體四周的麗蠅。

先說說我為什麼會遇上溝鼠和麗蠅。事情始於我家地下室天花板傳出的啃咬聲。一開始，那種喀滋喀滋的規律齧咬聲只是讓人有點煩。接著，整個地下室開始散發老鼠尿的氣味，聞起來和人的尿還蠻像的。所以我找了除蟲公司，他們放了捕鼠器，但完全被老鼠無視。最後，忍無可忍之下，我從天花板的嵌燈把小小的綠色老鼠藥塞進天花板裡。我曾想過，事情接下來可能會變成有一隻死老鼠被困在天花板裡，但我還是覺得一兩隻死老鼠的氣味應該好過讓牠們繁殖成一大群。

老鼠藥似乎有用。啃咬聲停止了，地下室的臭味維持了一段時間，而當氣味開始變淡時，我以為最糟的已經過去。但我錯了。兩週後，我旅行回來，打開家門，裡頭是蒼蠅的末日戰場。幾十隻巨大的黑色昆蟲在廚房嗡嗡盤旋，簡直像是會飛的書擋，在我進屋時直接撞到我身上。我立刻明白發生了什麼事：蒼蠅找到地方鑽進地下室的天花板，在死老鼠身上產卵，卵變成了蛆。我出門時，牠們繼續長大，變成了今日成群飛舞的蒼蠅，充滿了我的地下室。廚房有扇通往地下室的門，我出門旅行前有關上那扇門。如今我站在那扇門前，可以聽到另一邊的嗡嗡聲。

我需要一件武器，而且要快。多年前，我那住在亞伯林（Abilene）附近的洛基叔叔和瑪莎嬸嬸送我一個開玩笑的禮物，是一支 1 公尺長的超大蒼蠅拍，顏色是土耳其藍。沒想到這是有史以來最棒的禮物。

於是，我像拿棒球棍一樣抓起那支超大蒼蠅拍，緩緩打開了

門。我的心臟跳得很厲害。我打開電燈，看到成千上萬的巨大黑色蒼蠅，每隻都像 10 美分硬幣那麼大，牆壁和遮光窗簾上全是。在半空中飛舞的蒼蠅則嗡嗡嗡撞著天花板。忽然有一個中隊脫離同伴，從地下室往上直直向我衝來。我「嘎吱」地叫了一聲，用力把門甩上。

這些蒼蠅的數量遠遠超過我的想像。我需要作戰計畫——還需要一個隊友。那時我一個人在家，但這不妨礙我把遠在 800 公里之外的先生傑伊拉到現場。我開啟電話的擴音功能，向他哭訴了蒼蠅的事。

婚姻有一個好處，就是勇敢的角色可以輪流扮演：當其中一人抓狂到想把房子燒掉時，另一個人可以馬上出手阻止。而傑伊雖身在兩個州之外的地方，他出手了。「去地下室，打開所有窗戶，讓牠們出去！」他發號施令。我禮貌地拒絕，就像這樣：「不不不不！我不要下去！」

「好吧，」他退讓。然後，身為生物學家的我們構想出一個利用蒼蠅生理學的作戰計畫。「把裡面的燈全部關掉，然後去外面把車頭燈打開，而且要開遠光燈。然後，打開地下室的門。」蒼蠅當然是受到光線吸引的。真正的原因不清楚，但這就是為何你常看到蒼蠅聚集在窗上（至少在我家是如此）。

這計畫聽來好像可以發揮作用。於是我小心翼翼地從外面打開地下室的門鎖，把門推開，然後跑到車子裡避難。「別為了躲蒼蠅而跌倒受傷！」傑伊從電話那頭大喊。「牠們傷不了你的！」此時，他正想像我跌斷一條腿躺在地上，被一群甚至連叮人都不會的動物嚇到把自己變成受害者。

我知道牠們傷不了我，但這不是重點。當某種東西成群出現時，一切就跟邏輯無關了。腦子裡有個原始的區塊大喊：「快逃啊！」

於是，我在晚上十點半坐在自己車上，看著從門後蜿蜒飛出的蒼蠅，想著我這遠光燈可以亮多久。而就像計算好似地，我媽剛好打電話來。為了能幫上忙，她查閱了百科全書有關蒼蠅的部分，告訴我幼蟲期長達兩週。（她不常用網路。）但她的書上沒說成蟲能活多久。不管怎樣，等牠們死在我家裡都不是太吸引人的選項。

不過，盡可能引誘出最多的蒼蠅後，我除了等待之外也別無他法。而且牠們一直出現，在接下來幾週間仍不斷有新的孵化。我後來發現牠們全都是麗蠅科或肉蠅科的不同種類。我每天早上都用吸塵器清掉前一晚的陣亡者，每天傍晚回家時都有更多要收拾。有一天，我走進辦公室，把皮夾往桌上一扔，結果居然有一隻巨大的蒼蠅飛出來。

我想如果和法醫昆蟲學家談談，或許有助我欣賞我的這些新室友。希比爾‧布切里（Sibyl Bucheli）在德州（全美最忙碌的行刑室所在地）杭茨維爾的山姆休斯頓州立大學（Sam Houston State University，有很棒的刑事司法學程）研究昆蟲。她回覆我的電子郵件時還附了一張她自己的照片，照片中的她頭上戴著神力女超人的頭飾。我馬上知道了這就是我要找的人。

布切里告訴我，歷史上第一宗運用法醫昆蟲學的記錄是在1300年代，用的是麗蠅（可能就是當時在我頭上嗡嗡打轉的其中一種）。中國宋朝的提刑官宋慈調查一宗發生在田邊的刀殺案，要求所有人把自己的鐮刀拿出來放在地上。麗蠅隨即飛來，而且只停在其中一把鐮刀上。雖然刀子本身經過擦拭，看不見血，但宋慈藉此推論出那把鐮刀上留有血跡。

至於我家的蒼蠅，布切里告訴我，牠們應該至少是第二代了。這些蒼蠅一直在繁殖，寶寶長大之後又生出自己的寶寶。我想，

要不是這家族傳承的宅子是具老鼠死屍，事情應該還蠻溫馨的。至於那些遍布在我窗戶上的橘黃色小點，消息也不太好。「那是蒼蠅屎，」她說。「很抱歉。」

儘管如此，這次談話仍讓我對跟大群蒼蠅同居兩個月這件事感覺稍微好一點。至少，布切里一點都不怕蒼蠅，讓我想要向她看齊。「如果身在有 100 萬隻蒼蠅的地方，我會覺得蠻平靜的，」她說。「但如果是在有 100 萬人的地方，我會捉狂……我比較了解蒼蠅。」

我懂了。我家那些蒼蠅只是在過牠們的日子：吃，交配，拉屎，產卵。牠們沒有要來攻擊我或任何人。「這些六隻腳、四片翅膀的生物，對我來說非常美麗，」布切里說。我可以了解她的意思。麗蠅是自然界的循環回收業者，只是牠們沒有得到應得的讚賞。牠們從幾公里外就可以嗅到血腥或腐敗的氣味，而且工作效率驚人。牠們的卵在短短幾小時內就可以孵化成蛆，氣候炎熱時，只要兩週時間就能讓屍體化為白骨。令人驚佩。

我不是說自己可以像布切里一樣泰然自若地坐在成群的麗蠅之間，因為那樣的野心太大了。但我可以說的是，在我家的麗蠅終於逐漸消亡的幾週之間，我學到了更多關於牠們的知識，對麗蠅和牠的同類也不再那麼恐懼了。

這也是我對讀者的期望。在這一部中，你會讀到我們避之唯恐不及的動物的故事：來我們家中吃食殘羹剩飯的粗野客人，不懂得尊重我們的私人空間、逗留不去的入侵者，還有那些演化出邪惡防禦系統的討厭鬼。但請不要把這些恐怖蟲蟲的故事想成是恐怖故事，要想成是大自然巧妙智慧的展現。牠們是世界上最堅強的存活者，能把生命給予的丁點廢棄物變成自己可利用的資源。

所以，接下來最適合進一步探索的，是都市裡的終極清道夫，也就是我那華盛頓特區家中事件的罪魁禍首：老鼠。

和老鼠賽跑

為什麼你就是贏不了

牠們吃我們的食物。牠們用我們的垃圾築巢。牠們咬穿我
們的板金、我們的水管和我們的水泥。牠們永遠贏我們一
步。牠們是我們的陰影、我們的敵人、我們的鄰居。

　　——〈老鼠城市！〉《間諜》雜誌，1988年

「你必須用老鼠的方式思考，」我的新朋友葛瑞格說。那時我們
正把他自製的老鼠偵測器放入我家地下室天花板的一個小洞
裡。葛瑞格在網路上買了一個內視鏡攝影機──也就是醫生用來檢
查人體消化道息肉用的那種──然後把它連到一個折彎的鐵絲衣架
上。攝影機拍到的影像會顯現在他的筆記型電腦上。

　　葛瑞格的女友安住在我家對面，她的房子曾遭老鼠侵襲，從
那以後葛瑞格就迷上了老鼠。此時我家的鼠患已經反覆延燒了幾
個月，而由於曾經成功找到並消滅女友家的害蟲，葛瑞格現在很
熱切地想帶著他的驅鼠技能和工具來我家。之前，葛瑞格和安就
聽過我家遭到老鼠入侵的事件，後來又聽到死老鼠發臭、蒼蠅從
鼠屍羽化出來的末日之戰。而現在，老鼠又回來了。

　　一個星期日下午，葛瑞格帶著內視鏡和 7.5 公升裝的噴藥桶來
到我家，並解釋我的任務：只要在他把衣架鐵絲穿入天花板和牆
壁時，聽從他的指令打開或關掉天花板的嵌入式燈就可以了。

　　在地下室浴室的天花板上方空間，我們找到寶礦的礦床：電腦螢幕上出現了堆得高高的黑色老鼠屎。「這就是牠們的巢穴！」葛瑞格宣布。這是這場漫長的戰爭中我們贏得的第一場小小的勝利。

　　截至此時，我已經學到一些關於老鼠的事：牠們是習慣的動物。牠們會在房屋中建立固定的路徑，每天都一樣：出去、回來，去找吃的、回家。而且，牠們真的可以從下水道中鑽出來。

　　最後這一點在我的調查中變得十分重要。根據葛瑞格內視鏡的指引，我先生傑伊拆開了浴室天花板的一部分，然後我們就發現，老鼠窩是以一個舊排水管為中心。我們原本不知道的是，樓上廁所改建拆除時，這根排水管雖被截斷，但切口沒有封閉。水管邊緣有著黑黑油油的痕跡，老鼠就從那裡爬出下水道，然後從我們地下室天花板的木條之間跳出來，藏在石膏板上方。

　　進一步研究後，我發現對老鼠來說，爬上直徑三吋的排水管輕而易舉（何況多數時候裡面根本沒水），而且我家所在的華盛頓特區那一帶，採用的是合流式汙水系統，也就是街道的雨水和廁所管線的排水都流向都市底下的複雜下水道。合流式汙水系統是個巨大又歡樂的老鼠中央車站，牠們可以安全地從一棟房子跑到另一棟房子，然後從任何一個馬桶或排水口跑出來。

　　弄清楚我們家的老鼠如何闖入，並假定剩下的老鼠已經被我們吵吵鬧鬧的刺探工程嚇得跑光之後，傑伊把水管開口加蓋密封，然後我們額手稱慶，認為自己解了這個謎團。

　　你也許猜得到事情的發展。幫水管加蓋真的就能把老鼠擋在外面嗎？畢竟牠們的超能力近乎神話：傳說牠們可以連續游泳三天，或鑽過直徑只有2.5公分的小洞。甚至有人謠傳牠們沒有骨頭，只有軟骨（這當然是錯的）。

　　我向科學尋求老鼠能力的真相。但嚇我一跳的是，溝鼠（也就是一般的都市老鼠，學名 *Rattus norvegicus*，又稱挪威鼠）在野外的生物學和行為學研究卻相當貧乏（這裡的「野外」指的是地球上任一個城市）。儘管我們人類已經在實驗室中和老鼠相處了很長時間，但對於可能潛藏在家中的那些老鼠，我們知道的卻非常少。「我們對北極熊生態的了解可能比老鼠還多，」切爾西・希斯華斯（Chelsea Himsworth）說，她是獸醫學家，在「溫哥華老鼠計畫」（Vancouver Rat Project）中研究老鼠如何在城市裡傳播疾病。

　　「關於溝鼠，有趣的地方是牠們不存在於野外，」希斯華斯告訴我。牠們的遷徙故事就是我們的遷徙故事，蜿蜒穿越亞洲、跨越大陸、橫渡海洋。牠們和人類接觸的時間是如此悠久，因此不只和我們住在一起，連食物也幾乎完全來自人類。

　　而且令人心寒的是，牠們絕對不會離開我們的房舍太遠。溫哥華老鼠計畫的其中一個重大發現是，老鼠會形成非常穩定的家族團體和群落，在都市裡依街區分布。當人類破壞某個群落，例如沒有選擇性地使用陷阱或毒藥時，剩下的老鼠就會被迫搬遷，而這就是牠們最容易傳播疾病的時候。

　　當然，我不想有選擇性。我就是要殺光牠們全家。我經歷的苦難已經把我從一個小時候想成為獸醫師或大衛・艾登堡的動物愛好者變成了一個冷血殺鼠魔。我把這件事告訴人稱「紐約鼠王」的羅伯特・科里根（Robert Corrigan）。他對這頭銜似乎沒意見，也對我的困境表示同情。科里根的職業是在美國東岸上下奔波、對抗老鼠。由於人口密集、水道眾多、管路老舊，這個地區簡直就是老鼠的天堂。

　　科里根說他同意我朋友葛瑞格的看法：要驅除鼠患，你必須

用老鼠的方式思考。「但我也認為，要智取牠們並不困難，」他解釋。和許多動物不同的是，老鼠「每一天」都必須要有食物和飲水才能存活。一餐都不能省。「如果沒有食物和水，老鼠就會進入一種『瘋狂模式』，」科里根說。老鼠對飢餓的耐受度非常低，所以要除掉牠們，只要知道牠們的食物來源，然後除掉那個來源就好。

　　但我家的老鼠又如何？我問他。牠們是怎麼取得食物的？顯然牠們是從下水道通過舊的廁所管道進來的，而我家地下室天花板中沒有任何食物。這時事情就變得有點醜陋了。科里根說，我對合流式汙水系統的猜想是正確的，它確實讓老鼠容易進入馬桶。而彷彿為了證實這個論點似地，就在我們給自家廁所管道加蓋的第二天，就有一隻老鼠從隔壁鄰居的馬桶裡冒出來。

　　此外，廁所排水管對下水道的老鼠來也說是個恩典。「很多食物都會被沖下去，」科里根指出。（這對我來說實在難以理解，但我確實記得，曾有個房東抱怨某個房客一直把雞骨頭沖下馬桶。）他繼續說：「還有，如果情況緊急，人類和狗的糞便裡也含有很多沒消化完的食物。」

　　讓我們暫停一下。科里根的意思是，我家天花板裡的老鼠每天都經由廁所管道爬進下水道，在那裡吃了東西後，很可能還把一些食物打包回來，其中可能有也可能沒有人類糞便。這消息真是糟透了。「對人類來說很噁心，但這叫『食糞性』，也是老鼠之所以如此成功的理由之一，」他說。「這世界上沒有什麼東西是牠們不屑吃的。」

　　所以我們把管子封住是對的。但我們不知道的是，牠們進出地下室天花板的通道被切斷後，還有至少兩隻老鼠被困在那裡──也不知道只有一隻會存活下來。「存活鼠」咬出了一條生路，留

下一條被咬破的冷氣機冷凝管，讓水滴滴答答地流到天花板上方的空間裡。「魯蛇鼠」則陳屍在沒人知道的地方，在腐敗過程中催生了一群新的蒼蠅。

在我用水煙式殺蟲劑殺掉從鼠屍冒出的最後一批蒼蠅後，我回顧一個老鼠家庭帶來的破壞。天花板穿了幾個洞，還有冷氣管子被咬破後造成的水傷。我花了好幾個小時擦洗家中牆上的蒼蠅屎，最後決定放棄，把家中大部分牆面重新漆過。此外還有陰魂不散的氣味。

是的，我從這次經驗中學到許多關於蒼蠅和老鼠的生物學，並對牠們難以置信的生存適應能力感到敬佩。演化把牠們磨練得很好。我想，我對牠們的敬佩可能就像滑鐵盧一役中拿破崙對英國和普魯士軍隊的敬意一樣。我或許是打贏了幾場戰役，但究竟是誰全面贏得戰爭，事情再清楚不過。

不容小覷的蟎

有什麼東西必須用顯微鏡才看得到，
有八隻腳，而且住在你臉上？

此時此刻，有幾百隻甚至幾千隻必須用顯微鏡才看得到的八腳動物蟄居在你我臉上的毛孔深處——我的臉、你的臉、你最好的朋友的臉，可以說是每一張你認識或你所愛的臉。在多數情況下，你完全不會注意到這些待在我們身上的小生物——雖然就某個角度而言，牠們是我們最親近的動物伴侶。

這些動物是蟎——微小的蛛形類，是蜘蛛和蜱的近親。牠們小到無法用肉眼看見，也小到讓人對牠們的移動毫無感覺。不過牠們也不太移動：「臉蟎」是終極的隱士，一生中絕大部分時間都把頭埋在同一個毛孔裡。事實上，牠們適應得十分完美，身體形狀正如毛孔的內部，因為牠們打從很久以前就已經演化成狹長的瓶塞狀，小得不像話的八隻腳則長在一端。

臉蟎最早是 1841 年在人類耳道中發現的，不久也在眉毛和睫毛間找到。從那時起，我們就得知牠們不僅生活在眉毛和睫毛之間，也住在全身上下的細短體毛之間，只有手掌和腳底除外。

我們的皮膚上覆蓋著幾百萬個毛囊，位於每個毛孔底部，一旁配備著皮脂腺，會分泌出油油的、如蠟般的皮脂。這些出油的孔（這和流汗用的更小孔道不同）在臉上尤其密集——所以住在裡面的蟎也一樣。我們稱牠們為臉蟎，但你也可以把牠們想成是皮膚蟎或人蟎。

　　或許更令人驚訝的是，住在我們皮膚孔洞裡的蟎有兩種。兩者都屬於蠕形蟎屬（Demodex），在人臉這片大地上開創出各自的生態區位。你或許想像著遠古時代曾發生過某種毛囊爭奪戰，然後只有其中一種勝出——但並非如此。光是一個毛孔裡就有夠多樣的棲地，讓不同的蟎都能擁有自己的地盤。

　　兩種蟎中，身材比較粗短的是皮脂蠕形蟎（Demodex brevis），形狀類似卡通裡穴居人手持的棍棒。牠喜歡深深潛入皮脂腺，在沿著眼皮邊緣分布的瞼板腺中也找得到。瞼板腺會分泌一種稱為「麥布姆」（meibum）*的油性物質，可以延緩淚液蒸發。

　　另一種蟎叫毛囊蠕形蟎（Demodex folliculorum），體型較細瘦修長。如果你看過俗稱「水熊蟲」的緩步動物門生物的照片，這種蟎看起來是有點像，只是腿集中在身體的一端。而毛囊蠕形蟲正如其名，居住在毛囊中，距離皮膚表面較近。

　　這兩種蟎都非常喜歡各自宅在毛孔中不同部位的家中，因此不管是在人工飼養環境還是在人臉上的「野外」環境，科學家都很難觀察。直到不久前，要取出一隻蟎仍是一大工程，因此科學家無法確定究竟是每個人臉上都有蟎，還是只有某些人有。要在毛孔以外的地方研究牠們更是困難，因為被拖出自己的家後，這些蟎通常幾小時之內就會死亡。（多年前有位科學家宣稱，曾在實驗室裡以層層山羊和綿羊皮組成的複雜結構中，成功維持這些蟎的存活。但沒有人能重複這項成果。）

　　所以，我們對這些蟎的生活所知甚少。但還是有幾件事是生物學家相當確定的：臉蟎不喜歡光。牠們沒有肛門，所以不會大

---

* 德國醫生海因里希·麥鮑姆（Heinrich Meibom，1638-1700）是少數有分泌物根據自己命名的幸運兒。這是一種油性物質，在生物化學上和皮脂差異甚大，是由脂質和超過 90 種不同蛋白質組成的複雜物質。瞼板腺出問題時會導致乾眼症。

便*。牠們終其一生都住在我們的皮膚上。但是，相對於生物學家對其他動物的了解，臉蟎仍然渾身充滿謎團。我們推測牠們吃死掉的皮膚細胞和皮脂，但詳細飲食內容仍然未知。我們知道牠們是有性的生物，但不確定如何或何時交配。（理論上，牠們應該是在漆黑的夜裡，從我們的毛孔爬出來做那件事。）

由於這些蟎實在太過隱密，我們多數人甚至永遠沒機會目睹牠們的模樣。近幾年來，北卡羅來納州立大學（North Carolina State University）的生物學家羅伯・杜恩（Rob Dunn）已經對臉蟎產生了興趣，而他的研究團隊對這種神祕生物也有了突破性的了解。所以，我當然要到羅利（Raleigh）去拜訪一下杜恩的實驗室，希望不僅能親眼看到自己臉上的蟎，也想多了解這種奇特的怪物。杜恩告訴我，他之所以想要研究臉蟎，正是因為牠們神祕——到底怎麼會有一種生物住在我們身上卻完全沒被注意到呢？一開始，他的問題和我一樣，非常基本：每個人臉上都有蟎嗎？如果是的話，那牠們是敵是友？

梅根・湯姆斯（Megan Thoemmes）把她的紅色長髮盤成一個髮髻，戴上手套，然後準備從我臉上取蟎。和我一樣，她也為下一個步驟預做心理準備：刮壓我的鼻翼和臉鼻交接的凹折處，以期從毛孔中擠出一些臉蟎。她是羅伯・杜恩的研究生，也是位捉臉蟎高手。但她也警告我，用這種方式，抓不到蟎的機會還蠻大的。

湯姆斯告訴我，採集蠕形蟎更好的方法，是在人臉上滴一滴氰基丙烯酸酯黏著劑，也就是俗稱的瞬間膠，然後把顯微鏡玻片粘

---

* 理論上，牠們的壽命沒有長到會讓這件事成為問題，因為根據估計，蟎的整個生命週期只有兩週左右。

上去，等膠乾了再把玻片撕下來（她宣稱這沒有聽起來那麼痛）。膠會把毛孔裡所有的東西全拉出來，包括蟎，全部黏成一個毛孔的形狀。他們實驗室的最高紀錄，是在一個毛孔裡找到 14 隻蟎。

但這天上午，湯姆斯在實驗室找不到瞬間膠，所以我們只能仰賴老式方法：用不鏽鋼的實驗刮勺擠壓出皮脂。我有點擔心她找不到蟎，這樣的話我開了五小時的車，就只能看到自己毛孔裡一團亂七八糟油脂的放大影像。湯姆斯彎身刮壓，確實而穩定。一分鐘後，她給我看刮勺，上面覆蓋著豐富的半透明臉油，然後把它刮到顯微鏡載玻片上，蓋上蓋玻片。現在可以放到顯微鏡下了。

很難說一張臉上通常有幾隻蟎，因為做記錄本身就很困難。不過一張人臉平均約有 2 萬個毛孔，而同一個毛孔裡常會住著很多隻蟎，所以湯姆斯說，可以合理推測，很多人臉上都有數以千計的蟎。

而要了解牠們在全身的分布情形更是困難。只要有皮脂腺分布的地方，就曾找到過牠們的蹤影，這包括臉、胸膛、背部、陰部，以及乳頭——但似乎不是每個人在每個地方都有。以臉來說，蟎在不同人臉上似乎會建立不同的地盤，有的人可能在前額比較多，有的人則是下巴。一旦找到宜居之處，蟎通常就會在那一帶永久定居，不認為自己有必要搬出蟎界的布魯克林區或上東區。湯姆斯還告訴我，實驗室有一名博士後研究員，總是能從自己的一邊臉上抓出許多蟎，但另一邊卻完全沒有，這情況維持了很多年。

湯姆斯以看得出來已經操作過幾千次的熟練手法調整著顯微鏡，我則靜靜坐著等待結果。我沒有等太久。短短幾秒鐘後，湯姆斯就喃喃說道：「我好像找到一隻了。」她再看一次。「沒錯！有一隻！」我們兩人開心尖叫。更棒的是，我的蟎是活的。我看

著牠為了躲避強光而拼命扭動小腳。

我們為我臉上的這位前居民拍照和錄影，然後湯姆斯就繼續在玻片上搜索。她開始慢慢計數。「二、三……喔，我好像找到了一隻皮脂蠕形蟎！」確實沒錯，而且還沒完。「四……喔我的老天，你『蟎』多的嘛！」她說。然後她安靜了一段比較長的時間。「八隻，」她宣布結果。六隻毛囊蠕形蟎，兩隻皮脂蠕形蟎。這樣算是多的，湯姆斯禮貌地告訴我。她刮一次臉通常都是找到一兩隻，有時甚至沒半隻。我決定把自己視為「高於平均值」，而且認為這是一件好事。

湯姆斯自己的臉蟎相對較少，或許和她搪瓷般的肌膚有關，也就是說，相對於我的油滑皮膚，她臉上毛孔較小且較乾燥。事實上，她還差點因為自己缺蟎而無法研究這些小生物。在她取得大學學位後，杜恩提出收她做研究生的條件：在一週內找出五隻蟎。雖然對黏膠過敏，她還是開始在臉上貼著膠帶睡覺，希望可以把蟎黏出來。終於，她在自己臉上找到一隻——是未成年的，而之後即使在自己臉上使用快乾膠，也只找到另外一隻而已。最後杜恩還是收她做學生了。

後來，湯姆斯找到更好的搜尋方法：利用蟎的 DNA。在 2014 年《科學公共圖書館・總刊》（PLOS ONE）的文章中，杜恩的團隊首次發表了臉蟎在人類身上普遍存在的確實證據。他們分析皮脂樣本中的 DNA，發現他們測試過的每一位 18 歲以上的人都有蟎的 DNA（相對而言，透過臉部刮取法，找到蟎的人比例只有 14%）。

進一步的 DNA 研究顯示，臉蟎的演化和人類十分密切，牠們至少有四個分明的譜系，反映著我們自己的演化——分別起源於歐洲、亞洲、拉丁美洲和非洲。杜恩團隊的蜜雪兒・特勞溫

（Michelle Trautwein）現任職於加州科學院（California Academy of Sciences），她正持續研究這種全球多樣性。她已經採集超過 90 個國家的人的蟎，也希望能為臉蟎的基因組定序，開啟牠們演化研究的新方向。她說，我們可能也會得知蟎如何和我們一同演化，而就算難以在實驗室中繁殖，了解牠們的基因也有助了解牠們的生理學。

杜恩和他的團隊引進了思考臉蟎的全新方法。1800 年代，科學家發現生活在人類身上的蠕形蟎時，把牠們視為害蟲或醫學問題，而這種思考方式延續了超過一個世紀。（患有酒糟性皮膚炎的人身上找到比較多蟎，這是一種導致臉部泛紅的皮膚症狀，再加上蠕形蟎也和狗的疥癬有關，因此皮膚病學家推斷臉上的蟎也會導致人類的酒糟性皮膚炎。）

但現在我們對臉蟎的看法正在改變。如果其實每個人都有蟎，那麼要不就是我們全都遭到感染，要不就是「感染」並非正確的形容方式。湯姆斯的論點是，如果蟎會導致那樣的症狀，而每個人都有臉蟎，那麼酒糟性皮膚炎就應該更為普遍。因果關係可能是倒過來的：酒糟性皮膚炎牽涉到發炎與血流量增加，而這可能正好創造了臉蟎喜歡的環境。也就是說，臉蟎族群的增長可能是酒糟性皮膚炎的症狀，而不是成因。

此外，科學界已經把人體視為一個生態系，裡面住著各式各樣微小的動植物，所以把蠕形蟲界定為人類寄生蟲不見得恰當，因為寄生蟲的定義是會對寄主造成傷害。只要族群大小正常，牠們甚至有可能為我們帶來某種形式的幫助，就像住在我們腸道中的「好」菌一樣。湯姆斯認為臉蟎可能幫助塑造了我們皮膚的微生物相，也就是住在這裡的細菌和其他微生物的組成。臉蟎除了取食死掉的皮膚和皮脂，也有可能會吃我們毛孔中具有傷害性的

細菌，或甚至分泌抗微生物化合物。我們和我們的蟎有可能其實處於互利共生的關係：我們提供毛孔中的食物，牠們協助維護環境衛生。

　　至於發現自己臉上住著蠕形蟲，我很慶幸能親眼看到牠們，也希望有朝一日，大無畏的科學家能找出牠們的貢獻。而現在，我自傲地說：我蟎高興自己蟎多的。

破解蟑螂

如果無法消滅牠，就製造牠

考希克・賈亞拉姆（Kaushik Jayaram）看起來人不錯。他笑容和善，個人網站還親切地以「Namaste！歡迎蒞臨我的網頁」開頭。但當他告訴我他在加州大學柏克萊分校做的關於蟑螂的博士研究時，我腦海中卻禁不住浮現一個小型酷刑室的畫面。

在一個圓柱狀的機器內，有一片板子緩緩下壓到蟑螂背上，看牠們能承受多少擠壓。在一個能記錄牠們運動方式的跑道上，蟑螂先被切除腳的某些部分，然後被放在那裡跑步，或是一頭撞到牆上。

賈亞拉姆並不是要虐待蟑螂。事實上，他實驗中的蟑螂似乎沒感覺到什麼磨難。他是在測試牠們的極限，只是要看牠們能承受多少重量、缺了腳尖（或缺一兩條腿）時能跑多快，還有能以多快的速度衝到牆上。最終，他的野心不在於找出蟑螂未被發掘的弱點，而是要了解蟑螂為何能成為終極存活者。他沒有要消滅蟑螂，而是要複製蟑螂。他正以機械的形式重新塑造蟑螂，把蟑螂的超能力融入小巧的機器人中。

畢竟，如果你想尋找堅固耐用的設計，蟑螂已經辦到了。牠們躋身地球最古老昆蟲之列，最早（現在已經滅絕）的親戚可以回溯到 3 億年前。早在恐龍還沒出現之前幾百萬年，蟑螂就已經誕生，測試自己的翅膀，是最早能進行動力飛行（而非滑翔）的動物之一。

今天已知的蟑螂約有4600種，絕大部分從來不會和人類相遇。全世界被視為害蟲的蟑螂種類約有30種，其餘的則生活在森林、沙漠，甚至水生植物之間。牠們的多樣性驚人：有紅底黑斑、形似瓢蟲的蟑螂，有長達8公分的犀牛蟑螂，在澳洲甚至還有閃著綠松石光澤的蟑螂。

上帝或許對甲蟲有所偏愛，但正如理察‧舒懷德（Richard Schweid）在他對蟑螂充滿讚美的《當蟑螂不再是敵人》（*The Cockroach Papers*）一書中所寫的，蟑螂一身集齊了最好的設計：「不容否認，牠是這個星球上生命演化的巔峰之作。」蟑螂的基本形態讓牠們得以擴散到地球上幾乎每一種棲地，而且存活數百萬年，經歷了好幾次大滅絕與雷達殺蟲劑的發明，卻少有什麼變化——除了對殺蟲劑的抗藥性與日俱增以外。*

這也正是蟑螂如此討人厭的原因：牠們所向無敵。就算被打了一頓，牠也照樣能四處竄。而這也讓牠們成為工程師的夢想。

你是否曾試圖踩死蟑螂，卻讓牠毫髮無傷地跑掉？或看過某隻蟑螂鑽進小到不可思議的縫中？這種承受擠壓的能力，是賈亞拉姆想要破解的第一項超能力。他很快就了解到，蟑螂的身體受到擠壓後彈回原狀的能力十分驚人。

他的受試對象是美洲蜚蠊，學名 *Periplaneta americana*，也有人稱之為「水甲蟲」、「棕櫚甲蟲」，或者紐奧良人會叫牠「大個兒」（「小個兒」則是德國蟑螂）。為了測試蟑螂的極限，賈亞拉姆在他柏克萊指導教授羅伯特‧富爾（Robert Full）的實驗室

---

* 2019 年，普渡大學的科學家指出，德國蟑螂正在同時發展對不同類型殺蟲劑的抗藥性，因此混合殺蟲劑也終將對牠們沒轍。蟑螂的復仇之日已經不遠了。

裡製作了很小的隧道，並使用他的「壓蟑螂機」。

首先，他們必須知道蟑螂在多扁的空間裡依然可以存活。這就是壓蟑螂機派上用場的時候了：它一邊壓著蟑螂，一邊測量施加在蟑螂身上的力。他們發現，蟑螂可以被壓扁到 3 公釐的高度，只有牠平常站立高度（12 公釐）的四分之一，而且不會造成任何傷害。

下一步，他們把蟑螂放入障礙賽的場地，裡面是愈來愈小的縫隙。他們了解到，美洲蟑螂可以在一秒鐘內鑽過相當於兩個美分硬幣相疊的高度，此時身體壓扁了 40% 到 60%。牠們不只可以把有彈性的外骨骼壓扁、把腿部往外側伸展，以穿過非常扁的空間，賈亞拉姆和富爾還發現，牠們在受擠壓的狀態下還可以跑得幾乎和平常一樣快。這份成果發表在 2016 年的《美國國家科學院學報》。蟑螂全速奔跑的速度大約是每秒 1.5 公尺，也就是體長的 50 倍。如果換算成人類，相當於每小時可以跑 320 公里。

為了避免你擔心「壓蟑螂機」裡蟑螂的命運，富爾向我保證，沒有一隻蟑螂以科學之名受到傷害。他說：「我們加壓的程度只到牠們體重的 900 倍。」這相當於把一部重 4 公噸重的堆高機停放在一個體重 45 公斤的人身上，但蟑螂卻還是毫髮無損。事實上，壓完之後，牠們還跑得和原本一樣快。

牠們真的很會跑。事實上，以速度和體型的比例而言，在全世界跑得最快的昆蟲中 *，美洲蟑螂名列前茅。牠們適應性廣的腿和牠們本身的敏捷度都是關鍵。早在 2002 年，富爾實驗室的科學家就曾把迷你加農砲黏在蟑螂背上，想看看當一條腿忽然被微小

....

* 1999 年，佛羅里達大學的湯瑪斯・梅里特（Thomas Merritt）舉辦了一場競走大賽，結果澳洲的斑蝥 Cicindela hudsoni 擊敗了蟑螂。

的爆炸弄得失去平衡時，蟑螂會如何反應。結果蟑螂腿的彈性協助牠們平衡了砲彈帶來的後座力。

為了找出蟑螂速度和敏捷度的來源，賈亞拉姆決定把各個因子分開研究。他先移除蟑螂的足部末端，測試牠們能跑多快。「基本上，我們對牠們製造各種足部損傷，但最後發現這些損傷對牠們根本沒有影響，」他說。他給我看一段比較的影片，失去足部末端的蟑螂看起來完全沒差。只有在非常光滑的表面上，牠才顯得步履有點不踏實。

發現失去足部末端沒造成什麼差別後，賈亞拉姆決定測試腿部是不是蟑螂著名速度的關鍵。失去一條腿，蟑螂跑得一樣快。兩條腿也是。失去三條腿，牠們的速度開始變慢，但還是有原本的 70%。甚至在少了四條腿時，牠們的速度也只減為一半。「真的很令人驚嘆，」賈亞拉姆說。事實上，蟑螂的一條腿就像一把瑞士刀，非常有彈性且具有多種功能，就算少了兩條也能輕鬆存活。

蟑螂雖然十分敏捷，但卻稱不上優雅。如果你看蟑螂奔跑的慢動作影片，甚至是衝出邊緣、掛在東西下方之類的特技動作時，這點就會變得明顯。與其說是腳步穩當或舞姿優雅，用「手忙腳亂」來形容還比較恰當。但牠們就是能完成那個動作。

牠們的特技動作真的非常快。一隻飛快跑過地板的蟑螂遇到牆壁時似乎可以毫不猶豫地變成垂直往上衝。賈亞拉姆好奇牠們是怎麼辦到的。一開始，他猜想蟑螂在迎向牆壁之前，可能已經先用敏感的觸角和眼睛加以偵測，然後快速計算資訊、協調動作騰躍到牆上。他不愧是個工程師，思考方式就像機器人程式設計師。然而，蟑螂卻再次令他意外。

賈亞拉姆建了一條跑道，盡頭是一堵牆，然後拍下美洲蟑螂在跑道奔跑並衝上牆壁的影片。當他以慢動作觀看影片時，他發

現蟑螂完全沒有爬牆的事前準備。牠們只是一頭撞上牆壁。撞到後，牠就延伸後腿，利用往前的衝力把身體往上舉。從平面運動轉變成垂直運動，只花了約 75 毫秒。

蟑螂似乎完全不用腦袋思考，腦袋只拿來當作保險桿使用（雖然是不錯的保險桿）。如果從側面看，你會發現不論是哪種蟑螂，牠的頭部永遠是低垂的，和螳螂一樣——事實上，螳螂和蜚蠊關係蠻近的，都屬於網翅總目（Dictyoptera）。當蟑螂撞牆時，牠的頭部和有彈性的關節可以吸收大部分的衝擊。

其他小型動物也有同樣的能力，例如蚊子被比自己又大又重許多的雨滴擊中時，仍然可以存活。但只要高於 1 公斤，也就是名叫「霍爾丹極限」（Haldane's limit）的關鍵體重，動物就無法分散撞擊帶來的能量而仍不造成富爾和賈亞拉姆所謂的「不可逆之塑性變形」。換句話說，大型動物會被壓扁。這類似學步的小孩跌倒後，可以立刻站起來，但成年人就有可能造成髖骨骨折：成年人撞擊地面時的動量大得多。

蟑螂比較像學步小兒，不怕撞上東西。事實上，蟑螂有四分之三的時候似乎是選擇一頭撞上牆壁，而不是減慢速度、把身體上舉。這種一頭撞上的跑法也讓牠們可以跑得更快，全速前進。

在取得博士學位、找出蟑螂之所以無敵的許多因子後，賈亞拉姆到哈佛進行博士後研究，在那裡繼續研發可以像本尊一樣壓扁和快跑的蟑螂機器人。最新一代是蟑螂大小的 HAMR 系列，這個縮寫的全稱是「哈佛可行動微機器人」（Harvard's Ambulatory MicroRobot），它幾乎可以跑得和蟑螂一樣快、攀爬陡峭的斜坡、從很高的地方掉落而不會損壞。這機器人的靈感取自蟑螂的外骨骼，包括有關節的腿，不過機器人的腿只有四條。

在從大自然汲取靈感的各式機器人中，富爾認為蟑螂和其他節肢動物——包含昆蟲和蜘蛛等動物——是明日之星。不像從蚯蚓或章魚得到啟示的柔軟機器人，昆蟲機器人擁有堅硬的外骨骼，又有肌肉可以跑、跳、攀爬和飛行，同時又保有彈性和強韌度。對於在倒塌建築下尋找生還者的機器人，或在嚴酷地區收集資料的機器人來說，這些都是很有用的特性。

「我們知道蟑螂沒有什麼地方去不了。簡直就是堅不可摧，」富爾說。對蟑螂而言，由於能在狹窄的空間快跑，牠們得以擴散到你想像得到的所有棲地，而且跑贏競爭者。富爾還說，其他昆蟲或許也有各自不同的超能力。

賈亞拉姆 2020 年開始在科羅拉多大學波爾德分校（University of Colorado Boulder）任職。我問他，在所有可能為機器人帶來靈感的昆蟲中，他為什麼偏偏選了蟑螂？部分原因是方便——蟑螂很容易取得，在實驗室中養殖也很容易。另一部分原因則是蟑螂生物學的研究已經很多。但他也考慮了哪種動物可能被視為最討厭的動物。他解釋：「如果要你舉出一種生命力頑強的動物——很難阻擋、殺死或摧毀的那種，你最早想到的當中一定有蟑螂。」他說這是一項加分，因為他想製作的機器人正是小而頑強的。除了這點以外，他對蟑螂的感覺絕對稱不上喜歡。

「我們也和所有人一樣，覺得蟑螂噁心又討厭，」富爾告訴我。但至少牠們以很有用的方式令人討厭。

有蟲跑進我身體

蟲子入侵時該怎麼辦

在網路上爆紅的影片不少，但 2017 年有段影片特別令人難忘。裡面有一隻活蟑螂看似在粉紅色的肉裡蠕動，最後終於從一名印度女性身上被拉出來。這隻蟑螂在她睡著時，從鼻子爬進了她體內。

首先，讓我們釐清一個事實。當時的報導說，那隻蟑螂是從這名女性的頭裡拉出來的。實際上來說，牠的確是在她的頭裡面，在兩眼之間──但你若把小指插入自己的耳朵，那你的小指實際上也是在你的頭裡面。更精確地說，這隻蟑螂爬進了她的鼻竇，然後印度清奈（Chennai）史坦利醫學院附屬醫院（Stanley Medical College Hospital）的 M‧N‧尚卡（M. N. Shankar）把取出蟑螂的過程錄了下來。

這真的是夢魘：想像地球上最受人唾棄的動物，在你晚上睡覺時鑽進你的頭裡面。但什麼樣的生物會爬進人體裡面？更重要的是，牠們會進入身體的哪些地方？

首先是壞消息：世界各地最常見的人體入侵者，正是蟑螂。南非一所醫院在兩年間從人耳中取出的蟲子共有 24 隻：十隻德國蟑螂、八隻蒼蠅、三隻甲蟲、一隻蟬、一隻椿象，還有一隻變形嚴重的蛾。

從醫生取出蟲子的次數來看，最常見的入口似乎是耳朵。但

似乎沒有人做過確實的統計。*「蟑螂跑進耳朵其實不算不尋常，」北卡羅來納州立大學的昆蟲學家科比・夏爾（Coby Schal）說。「鼻子就比較不尋常了。」（他這麼說是為了讓人安心，但效果不彰。）

還有更糟的。1985年，《新英格蘭醫學期刊》（*New England Journal of Medicine*）報導了一個案例：有一名病患抵達急診室時，兩耳中都有蟑螂。參與處理的醫生在寫給期刊編輯的文章中說，他們當時立刻意識到：命運給了他們一個千載難逢的實驗機會。當時，在急診室裡從耳中取出蟑螂最常用的方法，是在耳道中灌入礦物油，然後人工取出蟑螂。但也有人提出往耳中噴入麻醉劑利多卡因（lidocaine）的方法。由於兩隻耳朵裡都有蟑螂，醫生正好可以比較這兩種方法。

所以，這個團隊寫道：「由於察覺到此一醫學突破具有發表在貴期刊上的價值，我們在其中一個耳道放入經過時間考驗的礦物油。那隻蟑螂經過英勇但徒勞的掙扎後終於殞命，但屍體的取出則有賴現場醫護人員的高明技術。」在病患的另一隻耳朵，他們噴入利多卡因。「反應是立即的：該蟑螂以迅雷不及掩耳的速度衝出耳道，試圖越過地板逃脫。」就在此時，「一名實習醫生立即採用同樣經過時間考驗的對治法，利用簡單的壓扁法將其殺死。」這些醫生希望他們的實驗能為蟑螂快速取出法帶來啟發，雖然樣本只有一名病患和兩隻蟑螂。

兩種方法想必都能派上用場，只是急診室的醫生仍在爭論礦物油與利多卡因的優劣，因為兩者各有缺點。國家急診醫學資訊

....

* 根據美國「全國電子傷害監測系統」（National Electronic Injury Surveillance System）的資料，在2008到2012年間，美國人到急診室的理由中，估計有28萬939人次是因為耳中有異物。二到八歲的兒童人數最多，最常見的異物則是珠寶（39%）。至於成人，棉花棒是大宗（50%），這根本就是不該放入耳朵的東西。可惜的是，由於這個監測系統只追蹤消費性產品，所以無法得知這些異物中包含幾隻蟑螂。

學中心（National Center for Emergency Medicine Informatics）建議的是礦物油法，也就是令昆蟲窒息的方法。這種方法的問題是費時良久，必須等蟑螂在你耳朵裡死掉以後才能拿出來。利多卡因速度可能較快，但不一定會殺死入侵者——事情可能變成有一隻驚恐的蟑螂在你耳中亂爬。急診中心委婉地描述這是「對病患來說不甚愉快」的經驗。

為什麼有這麼多蟑螂進入耳中？「蟑螂在任何可能的地方都會搜尋食物。」夏爾說：「對牠們來說耳屎可能有吸引力。」耳屎中的細菌會產生揮發性脂肪酸，肉類也會產生這類化合物。「所以蟑螂有可能進去找吃的，然後困在裡面出不來。」夏爾說。同樣地，想吃宵夜的蟑螂可能也會被鼻分泌物吸引。

不過，即使蟑螂有可能把你的耳朵當成夜市，牠們卻不是寄生蟲。「蟑螂其實不喜歡待在人類身上，而人醒著的時候，牠們根本不會這麼做，」夏爾指出。這就是為什麼幾乎所有的蟑螂入侵事件都是發生在當事者睡著之後。

這類昆蟲通常也不大隻。在印度那段影片中的蟑螂雖然看起來很大，夏爾一眼就看出那是隻未成年的蟑螂，或許是若蟲，或即將成為成蟲的最後一齡若蟲，屬於蜚蠊科，也就是和家中偶爾看得見的大隻美洲蜚蠊屬於同一類群。

由於體型小，夏爾說牠跑到鼻竇深處的可能性是存在的。鼻腔和鼻竇從兩眼之間延伸到顴骨，比一般人想像的大得多。由於裡面充滿空氣，因此昆蟲可以在裡面存活一陣子。

多久？「或許你的讀者中會有人自願把蟑螂放進鼻孔，然後看結果，」昆蟲學家格溫·皮爾森（Gwen Pearson）故意搞笑，她是普渡大學的昆蟲教育推廣負責人。（我們是開玩笑的，請不要那麼做。）重點是：沒有人真正知道，但通常在你抵達急診室、

由專業的人把牠取出之前，讓牠維持生命比較好。你很快就會讀到這背後的可怕理由。

不過，鼻子裡跑進蟑螂還不是最糟的。還差得遠。舉例來說，已知有些水蛭可以進入任何可能的孔道，包括眼睛、陰道、尿道或直腸。2010 年，科學家描述了一種特別令人不安的蛭，這個在祕魯的物種擁有巨大的牙，學名是 *Tyrannobdella rex*，因此學名縮寫和霸王龍一樣是 *T. rex*。目前為止，這種霸王蛭只有在鼻腔發現，據說非常痛。但因為別的相似物種還出現在其他孔道過，因此有可能我們聽到霸王蛭出現在某人屁眼只是遲早的事。（讓我們祈禱不會有影片。）

一般而言，體型大到會讓我們注意到的生物，勇於探索人類直腸的沒幾種。然而，蠅類不挑食，會透過產卵孵化為蛆來侵入和取食人肉。蛆的入侵算是很普遍，因此有它專有的醫學名詞：蠅蛆症（myiasis），在整個人類歷史上都有入侵眼睛、鼻子和直腸的記錄。

1783 年有一份特別詳盡的報導，描述一名牙買加外科醫生試圖從病患的鼻子移除蠅蛆。他用了各種方法，從蘭姆酒到把汞粉吹進這名男病患的鼻腔中。各種方法都失敗後，這名醫生嘗試把菸草葉搗碎熬煮，製作出「菸草煎劑」，灌進病患的鼻竇。這次他成功地「把許多奄奄一息的蟲沖出來。」（不難想像，病患到這個時候應該也奄奄一息了。）最後拿出來的，包括超過 200 隻蛆、一條「將近 5 公分長」的透明物質，裡面含有三隻較大的昆蟲，應該就是蛆的來源。之後這名病患就「能夠去山上休養恢復了，」醫生寫道。（可以想見，經歷過這場劫難，他確實需要放個假。）

有些時候，你可能甚至沒發現自己已遭到入侵。這事發生在一名 52 歲的美國女性身上，她在接受例行的結腸檢查時，檢查到

一隻蟑螂。她家有蟑螂患，醫生懷疑她不知怎麼地吞下了一整隻蟑螂。他們也指出，內視鏡檢查也曾經找到過螞蟻、瓢蟲、黃胡蜂和胡蜂。哎喲。

看到這裡，如果你覺得恐慌加劇，請別擔心；如果一隻蟲真的爬進你的鼻子或耳朵，最大的風險是感染。前面提過，如果你有找專人取出蟲子的需求，記得要讓牠活著，原因我現在解釋：如果有蟑螂爬進你的鼻子，讓牠死在裡面會是最糟糕的事情。細菌會很快開始把蟑螂分解，然後從你的鼻竇開始感染到腦部。

至於活蟑螂在鼻竇裡亂跑導致感染的可能性，的確很小。夏爾說：雖然一般人普遍認為蟑螂很髒、身上布滿細菌，但牠們其實常梳理自己。最危險的狀況，是在嘗試取出時壓壞了蟑螂，導致牠腸道中的各種細菌釋放出來。這就會導致感染了。

謝天謝地的是，在大部分地區，蟲子在你睡夢中入侵的機會是很小的。這類案例最常發生在熱帶，那裡蟲子多，居家受害蟲嚴重侵擾的情況也較多。

最後，你在網路上看到的恐怖故事，不要照單全收。「我看過的蜘蛛潛入皮膚的假影片實在太多了，」皮爾森說。例如，網路上就流傳著一個胡謅的報導，說有隻蜘蛛爬進某人闌尾手術的傷口。事實上蜘蛛不會鑽進傷口，當然也不可能在你的皮膚底下爬來爬去。

要避免讓蟲子有機會入侵你的身體，最好的辦法是驅除家中的害蟲。例如，確保你的食物好好密封、存放在安全的地方，還有不要把食物帶進臥室。

「我們身邊本就到處是昆蟲，」皮爾森說，「不會有事的。」

那不是睫毛

你以為蟑螂跑進耳朵就已經夠慘了嗎？

愛比・貝克利（Abby Beckley）在阿拉斯加釣鮭魚時，覺得左眼跑進了什麼東西。「感覺就像有根睫毛插了進去，」她說。但任憑 26 歲的貝克利如何努力，都無法在自己的角膜上找到睫毛——或其他任何東西。那種感覺一直沒有消失，如此過了大約五天後，貝克利覺得很抓狂。

「所以，有天早上醒來時，我心想：就算這會成為我這輩子做的最後一件事，我都要把眼睛裡管他是什麼鬼東西給弄出來，」貝克利說。她鼓起勇氣，把眼皮翻開，擠壓眼皮內發炎的皮膚，然後用力一拉。當她往下一看，她說：「我的手指上有一條蟲。」

貝克利因此成為世界已知第一位被這種特殊眼蟲感染的人。這種寄生蟲的學名是 *Thelazia gulosa*，過去曾在牛眼中發現——牛眼是這種蟲生命週期中一個正常的中途站。但過去從未有人類感染過。

而且，在所有曾被 Thelazia 這個屬的物種感染的人類當中，貝克利只是美國有史以來的第 11 人。（研究者在《美國熱帶醫學與衛生期刊》〔*American Journal of Tropical Medicine and Hygiene*〕中指出，上一個已知的案例是在 1996 年。）

不過當然，在 2016 年的那個夏天，當貝克利看著指尖上的蟲時，完全不知道上述的一切。那條細小而幾乎透明的生物蠕動了幾秒後就死掉了。她在鮭魚上看過類似的蟲，所以懷疑自己是不

是無意間讓這條蟲跑進了自己眼睛裡。但接著，又出現了更多的蟲，事情顯然比原本想的還要大條。「我一直拉出蟲來，所以我知道有很多條，」她說。

在抵達阿拉斯加克奇坎（Ketchikan）的醫生那裡之前，她自己已經又拉出了五條蟲。那裡的醫生「非常合理地嚇壞了，」她說，但不知道那是什麼蟲，以及這些蟲有多危險。

由於擔心這些恐怖蠕動的蟲距離自己的腦太近，貝克利決定回到波特蘭（Portland）。她男友的爸爸是醫生，在那裡集結了俄勒岡健康與科學大學（Oregon Health and Science University，OHSU）的醫護人員，等待她到來。

在醫院，「他們簡直像展開紅毯那樣地迎接我，」貝克利說。醫生和實習醫生全都來了，希望能目睹這種罕見的眼蟲。她說他們一開始似乎還不太相信，懷疑那些她覺得像蟲的東西其實只是黏液。

但貝克利堅持她眼睛裡有蟲。「我不斷地想：現身吧！你們必須現身！」接下來的半小時裡，她就在醫護人員的圍繞之下靜靜坐著，等待蟲的出現。

「我永遠不會忘記醫生和實習醫生看到牠蠕動著爬過我眼睛時的樣子，」貝克利說。「他嚇得往後跳開，然後大叫：『我的天，我看到了！我剛剛看到了！』」

至於貝克利本人，「她處之泰然、臨危不亂，而且難以置信地堅強，」艾琳・波努拉（Erin Bonura）說，她是負責治療貝克利的 OHSU 傳染病專家。眼科醫生總算夾出一條蟲。雖然牠斷成兩半，但他們還是把牠送去美國疾病管制與預防中心（U.S. Centers for Disease Control and Prevention，CDC）。

那條蟲及後來又從貝克利眼中取出的其他幾條，送到了 CDC

「寄生蟲學參考診斷實驗室」（Parasitology Reference Diagnostic Laboratory）的理查・布萊伯利（Richard Bradbury）手上。這裡是美國鑑定罕見寄生蟲的主要場所，光是在 2017 年就分析了將近 2700 份神祕的樣本。布萊伯利說：「當你不知道那是什麼時，就會來到我們桌上。」

科學家覺得這個案例十分吸引人。「這類寄生蟲全都很罕見，但這一種更是極端罕見，」布萊伯利這樣形容貝克利的眼蟲。最後，他挖出了一份 1928 年的德國研究文獻，終於鑑定出這種蟲是 *Thelazia gulosa*，是 *Thelazia* 這屬中第三個出現在人類眼睛裡的物種。另外兩種分別出現在亞洲和美國加州。

這種蟲由「臉蠅」（又叫「秋家蠅」）攜帶，這種蠅會吸食牛、馬和狗的淚液，你可能曾經看過牠們在動物眼睛四周嗡嗡飛行。如果你能克服兩者加在一起的恐怖感，牠們實在是寄生蟲生存方式的迷人案例。

波努拉解釋：首先，眼蟲沒有臉蠅是無法存活的。這種蟲的幼蟲只能在臉蠅的消化道和器官中成長，然後找到前往臉蠅口器的通路。當臉蠅停在眼珠上開始吸允淚液時，快要成為成蟲的晚期幼蟲就會離開蠅的吻部，來到眼睛上。在那裡，牠們進行最終階段的變身，變為成蟲，產生更多幼蟲，新的幼蟲再被另一隻臉蠅帶走，不然這些蟲就會面臨死亡。

在貝克利眼中，「這些蟲不可能繼續牠們的生命週期，所以最終只會全部死掉，」波努拉說。或者只能不繁殖而死，如果貝克利沒有把牠們拉出來的話。這些蟲到底如何跑到貝克利的眼睛裡仍是個謎，但波努拉懷疑事情可能是在她經過牧場時發生的。

有一個好消息是：這些蟲不會鑽入眼球裡面，而只待在眼皮底下的軟組織和眼球周圍。然而一旦定居下來，治療方法不多。

有時候醫生會用抗寄生蟲藥來殺蟲，但這類藥物也可能使發炎加劇。

至於貝克利的情形，最好的治療法是溫柔地把蟲子一條一條拉出來。在接下來的 20 天中，她的眼睛裡總共取出了 14 條蟲。雖然如此，參與這個案例的醫生都同意，這種眼蟲並不會成為大眾健康的潛在危機。

「不必恐慌，」波努拉說。不只是臉蠅要跑到人類眼睛的機會極少，臉蠅要停留夠久到能夠留下幼蟲的機會更是罕有。波努拉補充，最好的預防方法就是把蒼蠅趕走。如果有一隻蠅碰到眼睛，就立刻弄掉。「只要做你通常會做的事，應該就不會有事，」她說，因為我們不讓東西碰到眼睛的本能通常就能達到自我保護的效果。

貝克利的蟲並未留下任何後遺症，她說她的視力也沒問題。一年半後，也就是 2018 年初，她甚至不太記得是哪隻眼睛曾遭蟲子感染。

未防萬一你（像我一樣）好奇：她沒有保留任何一隻蟲：「我不想多花任何時間與這種東西相處。」

腦袋中的蟲

你以為蟲跑進眼睛就已經夠糟了嗎？

2010 年，19 歲的山姆・巴拉德（Sam Ballard）在一場派對上接受朋友挑戰，活吞了一條蛞蝓。幾天後，這個澳洲青少年感到腿部疼痛，然後就昏迷了。當他在超過一年後醒來時，從頸部以下全身癱瘓。接下來七年多，他一直處於重度殘疾的狀態：四肢癱瘓，必須接受全天候照顧。2018 年年底，巴拉德死了。醫生說，罪魁禍首是蛞蝓的一種寄生蟲「廣東住血線蟲」（rat lungworm），這種半透明的微小寄生蟲可以鑽進人腦裡去。

我不知道你怎麼想，但對我而言，有蟲在人腦中鑽來鑽去，算是我想像中最恐怖、最嚇人的疾病了——因為牠們一旦進入腦部，你就不可能就這麼伸手進去把牠們抓出來。多數受感染的人不治療也能自行痊癒，因為免疫系統可以殺死寄生蟲。但有不幸的少數，像巴拉德，就發展出一種名叫嗜伊紅性腦膜炎（eosinophilic meningitis）的罕見疾病，這種病可以造成腦部永久損傷。

巴拉德的案例是全球有記錄的 3000 件廣東住血線蟲病例之一。這種蟲的學名是 *Angiostrongylus cantonensis*，而正如其英文俗名「rat lungworm」（老鼠肺蟲），這種蟲在生命週期中會有一段時間住在老鼠的肺裡。受感染的老鼠會把幼蟲咳出來，並在咳嗽時吞下一些。這些幼蟲再通過老鼠的腸道，混在老鼠屎中拉出來。蝸牛或蛞蝓吃下老鼠屎的同時也吃下幼蟲，然後這種蟲就在動作緩慢的新宿主體內成長一段時間。

　　若要繁殖，年輕的線蟲就必須回到老鼠體內，這通常隨著老鼠吃下受感染的蝸牛或蛞蝓而發生。進到老鼠體內後，線蟲設法移動到老鼠的腦，在那裡發育到部分成熟，然後再前往從心臟通往肺臟的肺動脈。而就在這不斷有血流鼓動的不可思議的環境中，這些線蟲終於交配了。

　　這就解釋了為什麼一個人生吞蛞蝓或蝸牛時，事情可以變得那麼糟糕。和在老鼠體內一樣，被吞下的線蟲會直接前往腦部。這些蟲有時可以穿過人腦的外層屏障，但是一旦進去，牠們就出不來了。因此這些線蟲會在腦裡鑽洞，造成實質上的損害，並免疫系統反擊時造成的發炎。

　　蟲子在腦中死亡後，發炎可能會變得更嚴重，這就是為什麼醫生幾乎不使用針對線蟲的藥物來處理感染。反之，醫生只治療症狀，讓身體的免疫系統自行運作。受感染的人很少會發展成嚴重的腦膜炎，但如果發生的話，通常都會致命。

　　巴拉德並不是在試膽挑戰中感染這種殘酷寄生蟲的唯一一人。男孩和年輕男子挑戰活吞蛞蝓或蝸牛的案例至少有三起。1993 年，一個紐奧良的 11 歲男孩被送到當地醫院，症狀是頭痛、脖子僵硬、嘔吐及輕微發燒。「這個男孩承認，自己幾週前曾在一次試膽中吃了路邊的活蝸牛，」研究者在《新英格蘭醫學期刊》中這麼報導。幸好這男孩擁有健康的免疫系統，最後未經治療就自行痊癒了。

　　幾乎每一種蝸牛或蛞蝓都有可能傳染廣東住血線蟲病。因為感染的症狀不明顯，因此很難知道某隻動物是不是帶原者。「蝸牛帶有很多寄生蟲。」佛羅里達大學的寄生蟲學家海瑟・史塔克岱爾・沃登（Heather Stockdale Walden）說，她曾在佛羅里達南部記錄廣東住血線蟲的散播。「寄生蟲希望宿主能被吃掉，而蝸牛是很多動物的食物，包括鳥類。」

再者，這種寄生蟲現在正擴散到世界各地的新領土。廣東住血線蟲源於亞洲，現在在非洲、澳洲、加勒比海、美國南部都已經發現。在夏威夷，這種疾病是地方病。夏威夷州的流行病學家莎拉‧帕克（Sarah Park）說，截至 2017 年為止，每年都大約有十起人類感染廣東住血線蟲病的案例。

關於這種線蟲的傳播，最令人驚訝的故事或許是發生在巴西的這一宗。1988 年，在古里提巴（Curitiba）舉辦的一次農業商展中，有一件商品是一個組合包，內含一隻非洲大蝸牛（Lissachatina fulica）以及牠的飼育方法。廣告文宣說，比起常用的食用小蝸牛，這種蝸牛更好養也更多肉，對小本生意來說是很棒的商機。很快地，巴西各地都有人把後院變成蝸牛農場，養起了這種拳頭大的蝸牛。

問題是，巴西沒有那麼多人吃蝸牛。於是這個家庭工業崩潰，為巴西留下過量的巨大蝸牛，在各家庭院裡爬來爬去。蝸牛侵入環境，餵飽了更多的老鼠和蛇。然後，無可避免地，廣東住血線蟲就在這些老鼠和蝸牛身上待了下來。巴西第一起人類感染廣東住血線蟲的記錄發生在 2007 年，有一份研究指出，從那時起到 2013 年為止，總共發生了七起案例。

寵物和其他動物也有可能在喝水時舔入蝸牛和蛞蝓。沃登說，在佛羅里達，這種寄生蟲曾出現在狗、迷你馬、鳥和各種野生動物體內。據信在 2004 年，邁阿密都會動物園（Metro Zoo）有一隻白手長臂猿死於廣東住血線蟲病。2012 年，邁阿密地區一隻私人豢養的紅毛猩猩在吃下受感染的蝸牛後死亡。

蜈蚣似乎也能攜帶廣東住血線蟲的幼蟲。2018 年，中國科學家指出，有一名婦女和她兒子在市場購買了一種紅頭蜈蚣，作為傳統偏方食用，結果受到感染。

隨著廣東住血線蟲蔓延到世界各地，專家說需要適應的一方

是我們。而最好的第一步，就是不要生吃腹足類動物和蛞蝓。青蛙、淡水蟹、小蝦也一樣，不要生食。如果你還是想要享受蝸牛（或蝦子、螃蟹、蛙腿），沒關係，只要確保以攝氏 75 度以上的溫度烹煮至少 15 秒就行了。另一個關於蝸牛的智慧之言：餐廳裡放在蝸牛殼中端上來的蝸牛，通常來自罐頭，而這是件好事。罐頭蝸牛都是清洗並預煮過的，所以當餐廳廚師再次以美味的蒜味奶油醬烹煮時，你應該是雙倍安全的。

如果你本就認為不要生吃蛞蝓是件連想都不用想的事，你還是要注意，不小心在新鮮葉菜上吃到小蛞蝓的可能性還是存在的——而且寄生蟲也有可能留在蛞蝓走過的黏液裡。「如果吃生菜，一定要徹底洗淨，而且記得把飲料和其他盛裝液體的容器蓋起來，不讓蝸牛或蛞蝓接近，」CDC 寄生性疾病分部的流行病學小組長蘇‧蒙哥馬利（Sue Montgomery）說。她補充：「消滅住家和花園附近的蝸牛、蛞蝓和老鼠，也有助於降低風險。」此外，有鑒於澳洲和紐奧良的案例，最好教導你家小孩不要吃任何在外面爬的東西——不管被挑戰幾次都一樣。

如果你覺得廣東住血線蟲病是個好理由，讓你可以對大啖你家花園植物的蛞蝓大開殺戒，那麼擺脫牠們的方法很多。其一是在牠們身上撒鹽（但不要撒在你的植物上），讓牠們脫水而死。你也可以用陷阱誘捕，用啤酒當誘餌，牠們會被吸引過來然後溺死。你也可以在蛞蝓最活躍的晚間時段去花園，把牠們踩死。（只是要記住，別把死蛞蝓留在地上，因為有可能會被老鼠、寵物和其他野生動物吃掉。）

然後，北方人，不要以為這不關你的事。美國其他地方沒有廣東住血線蟲的日子可能不長了：「隨著氣候暖化、溫度提高、蝸牛往北遷徙，一切只是遲早的問題，」沃登說。

世界最慘烈的叮咬

兩名科學家的自我犧牲

有一天，賈斯汀・施密特（Justin Schmidt）騎著他的腳踏車時，發生了一件可怕的事。「我正在喘氣，所以嘴張著巴，結果一隻該死的蜜蜂直接飛進來，螫了我的舌頭，」他說。他摔倒在地，痛得滿地打滾。後來他形容，這次蜂螫「迅速、可憎、劇烈、讓人渾身癱軟。有那麼十分鐘，我簡直生不如死。」

這並不是人類可能遭遇的最痛苦的螫咬（稍後詳談）。但其劇烈程度卻讓他驚訝——而這件事本身就令人驚訝，因為施密特是亞利桑那大學（University of Arizona）的昆蟲學家，已經被螫了超過千次，包括 78 種不同的膜翅目昆蟲，也就是包含蜜蜂、胡蜂、螞蟻等昆蟲的類群。施密特因為發展出昆蟲螫咬的「施密特螫痛量表」（Schmidt pain scale）而出名，這個量表分成四個等級，附有痛苦感覺的描述，讀起來有點像那種裝模作樣的蘇格蘭威士忌品飲筆記。（例如紅馬蜂〔red paper wasp〕得 3 分，疼痛感像「腐蝕灼燒，具有鮮明的苦澀餘韻。有如在紙割的傷口上灑一杯鹽酸。」）

被蜜蜂螫一針對施密特來說通常不算什麼，等級只有 2。「不好玩，」他說。但舌頭完全是另一回事。顯然，螫在哪裡是個關鍵。所以幾年前，當康乃爾研究生麥可・史密斯（Michael Smith）聯絡他，說計畫要讓自己在全身上下被螫，以繪製一份人體疼痛地圖時，施密特給了他一些忠告：年輕人，不要螫眼睛。除此之外，

放手去做吧。

史密斯研究蜂的生物學，已經和蜂農比較過各自的經驗。雖然大家都知道蜂螫的疼痛感各有不同，但還沒有人做過系統性的測量。在不同的身體部位，疼痛程度是否一致？為何有些地方痛得比較厲害？「總得有人去做，」他說，「所以身為科學家，你就是挺身而出把它實現。一切都是因為好奇：那是你的動力。」

一直以來，疼痛都很難用科學方法研究，因為要量化非常困難。舉例來說，雖然我們都同意，被針刺比被橡皮筋彈到還痛，但我們還是很難判斷究竟是更痛多少。為了解決這個問題，科學家設計了疼痛的各種量化標準，施密特就是其中之一。

史密斯採取 10 級標準，用來量化自己全身不同位置被螫的疼痛程度。他所有的實驗都是試在自己身上（所以至少不會有因人而異的結果），然後發展出一套特定的、標準化的自我蜂螫流程。他先在前臂螫一下，把疼痛程度定為 5，作為與其他位置比較的標準。每天的實驗開始和結束時，他都會螫前臂一次，提醒自己 5是什麼感覺。

然後史密斯把自己的整個身體劃分成 24 個區，從頭頂到腳中趾的趾尖，每一區都讓蜜蜂螫幾次。他也沒有迴避那些恐怖的地方：乳頭、陰囊、陰莖。

在螫完整整三個回合後，史密斯發現，被螫後最痛的兩個地方是鼻孔和上唇，再來是陰莖的主幹。這些地方的皮膚都很薄，可能可以讓螫針穿透較深，使毒液抵達這些區域密集的神經末梢。當這份研究在 2014 年首度發表時，陰莖博得更多的媒體版面，但史密斯告訴我：「鼻孔才真的叫痛。」在他的文章中，他指出鼻孔的螫痛「尤其劇烈，會立刻引發噴嚏、眼淚，以及大量黏液流出。」

　　鼻子、嘴巴和眼睛不只是有螫針的昆蟲會鎖定的目標，也是尤其需要保護的重點。這很合理，因為這些地方是呼吸和視覺的關鍵。「痛不是沒理由的，」史密斯說，因為疼痛會促使我們保護自己至關重要的功能。

　　麥可·史密斯的最痛蜂螫地圖，加上賈斯汀·施密特的昆蟲螫痛指數，為螫咬的最糟情節提供了令人信服的分析。而這又帶來另一個問題：昆蟲引起的痛苦之中，最巔峰者為何？兩位科學家都同意，子彈蟻（bullet ant）咬鼻孔很可能是痛苦程度的第一名。施密特對子彈蟻咬過的描述是「有如行走於火紅的木炭上，同時腳跟還釘入三吋長的鐵釘。」

　　但施密特說，還有一個更恐怖的可能。「被戰士黃蜂（warrior wasp）螫到鼻子或嘴唇可能不遑多讓，」他指出——尤其因為劇烈的腫脹有可能持續好幾天都不消退。「你會發炎紅腫，一直痛下去。」

　　相對來說，子彈蟻不太會造成腫脹，甚至也不會留下什麼痕跡。「承受過那麼劇烈的疼痛，結果被人當成胡說八道的白痴，還連一個紅斑都拿不出來給人家看，簡直令人失望，」施密特說。「牠們甚至連那種滿足感都不給你。」

　　確實，子彈蟻用來引起疼痛的是一種特別討人厭的分子：針蟻毒（poneratoxin），這是一種小型胜肽，會讓某種分子閘門維持開啟，而這種閘門正常是會把神經細胞的疼痛訊號關閉的。被子彈蟻咬過後，這些神經元會不停地傳送疼痛訊號，長達好個幾小時。會螫人的昆蟲演化出許多使用毒液的方式，這只是其中之一，同時也是製造純粹痛感的登峰造極之作。

　　而這就是子彈蟻的目的。不像某些蛇或動物，注射毒液是為

了當場殺死獵物，子彈蟻純粹是為了自我防衛，而且功效極佳。不管什麼動物，冒犯過子彈蟻一次之後，應該都不太可能再犯下同樣的錯誤。

我還記得自己十多年前在哥斯大黎加的雨林中做研究時，我總是非常注意自己的腳要踩在哪裡。在我還沒進那間研究室前，我們強悍的指導教授曾經被子彈蟻咬過，令當時實驗室的研究生十分震撼。我記得有個同學驚佩地告訴我：艾倫「哭了」。我無法想像有什麼東西可以讓艾倫哭，而我也不想親身嘗試。

儘管承受了無比的疼痛，史密斯和施密特都說值得。「我是在實現夢想，」史密斯說。「我和蜜蜂一起工作。」至於施密特，「在螫人昆蟲和人類之間的關係裡，其實我們自己才是重點，」他說。「這是一場心理戰，而牠們是贏家。」

世界最惨烈的叮咬

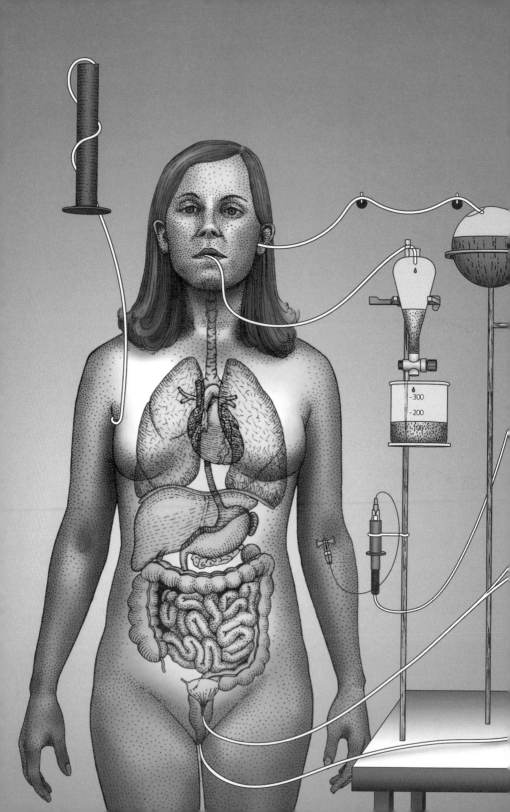

第五部

解剖學

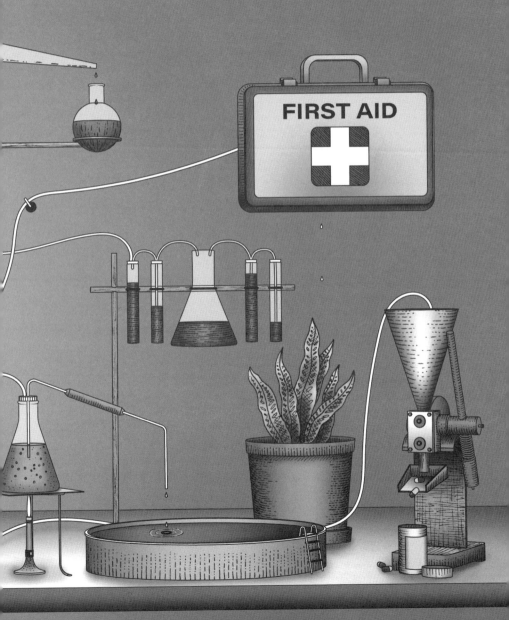

要分泌還是要排泄

研究那些不受歡迎的人體產物

我們的身體會產生各種物質，例如鼻涕、耳垢、油脂、體液，很難說哪一樣是最不受社會歡迎的。當然，說起最讓人噁心的排出物，我們心頭一定會浮現大便，這是我們寧可自己私下處理的東西。然後還有經血，本身就有帶有特殊的禁忌。再來就是從口腔排出的溼黏液體──許多地方都禁止在公共場所吐口水，而想打架的話，對人吐口水也是最好的挑釁之一。最後也不要忘了幾乎人人都討厭的耳垢。

但在接下來的篇章中，你會發現即使是最讓人不願面對的體液（和半固體），也值得好好認識。有些是我們身體內的無名英雄──例如糞便，現在已被拿來治療致命的感染。有些則是壞蛋──例如寵物唾液裡可能有危險的病源，種類多到令人驚訝。有些則是單純受到誤解。例如，你可能直覺認為汗液可以把有毒物質帶出體外──但科學研究顯示，這種能力被誇大了。

不過，這些噁心的人體產物都有一個共同點，也往往因為如此，我們寧願花更多錢去消滅它們而不是研究它們。不管是尿液或糞便、血液或汗液、痰或耳垢，我們對人體排出物都感到厭惡──因此我們避之唯恐不及。例證：如果沒辦法阻止汗水流出，我們就用其他氣味遮掩，不只塗抹止汗劑，還要加上除臭香氛。整體來說，我們花在隱藏身體產物的金額，要以百億美元計算（2019年，單是全球止汗與除臭市場就值 750 億美元）。

同樣地，對於身體製造和攜帶這些產物的構造，我們經常有所避諱。人對自己體內管道和排出口的感覺，和看待都市下水道系統的方式一樣：只要沒有堵塞，就沒必要多想。而當我們想起這些孔道和潮溼的隙縫時，也往往將它們視為身體構造中最大的禁地。不過，關上廁所門後，我們便專心投入分泌物和廢棄物的處理，與它們進行一場寧靜的戰爭。

這裡要釐清一下兩個名詞。在醫學中，分泌（secretion）是指在體內從一處移動到另一處，例如腺體會分泌激素到血液中。而排泄（excretion）則是指從身體內部移到身體外部，淚、汗、尿皆是排泄物。耳垢則有點難界定，因為它從特化的汗腺和皮脂腺分泌到耳道，但最終還是會離開身體。（所以你也可以主張你的耳朵會排泄，只是速度很慢。）

無論怎麼稱呼，這些與我們最親密的物質對健康的重要性都超乎你我的想像。例如，口水中含有多種物質，可以作為疾病的早期警告，包括病毒性疾病（如麻疹和腮腺炎）還有囊腫纖化症，這種病症會使痰的鈣和鈉濃度提高。而口水就算只是待在我們口中，它做的不只是潤滑食物和啟動消化而已。它對我們的味覺也十分重要，有助食物中的呈味物質抵達味蕾。口水也可以促進舌頭上的味覺細胞更新，讓味覺保持靈敏。

而如果你願意研究的話，連直腸中幫助潤滑的黏液也十分重要（多數人甚至沒發現有這種不起眼體液的存在）。有一群勇敢的科學家就這麼做了。2017 年，化學期刊《軟物質》（Soft Matter）刊登了一份由喬治亞理工學院（Georgia Institute of Technology）工程師胡立德主持的研究，指出凡是哺乳類，排便時間都是 12 秒加減 7 秒。無論是貓、狗、大猩猩還是大象，所花時間都是 12 秒左右，和動物體型與糞便大小無關。

為什麼？科學家發現，這都要歸功於直腸黏液。他們在文章中描述：「糞便藉著一層黏液在大腸中滑動，類似雪撬滑下坡道。」動物體型愈大，黏液層也愈厚，因此同樣的時間可以排出更多糞便。這在糞便學上很有趣，不過對我們的健康也很重要：腸子的黏液不夠時，會發生便祕。根據糞便流動的數學模型，胡立德團隊發現，排便時間有助偵測消化道疾病的警訊：如果時間比平常更長或更短，就算差異很小，也代表有什麼東西不對勁。

然而，現代醫學依然遲於發掘這些身體產物的美妙之處。或許就和大部分人一樣，多數科學家也不願花太多日子泡在這些東西之中。

古希臘和羅馬人就沒這麼膽怯。他們以體液為中心，創立了一整個醫學系統。有 2000 年時間，西方醫學的主流概念都是四種體液：黃膽汁、黑膽汁、血液和黏液＊。這些體液的平衡被視為健康與快樂的關鍵：黑膽汁太多讓人退縮憂鬱，黃膽汁太多讓人發燒或躁動。而治療不平衡的方法，通常是把太多的那種體液排出，因此無論對付什麼病症，放血都是一種常用的方法。

傳統中醫也重視體液，將它們視為體內最重要的物質之一。與代表生命力的「氣」互補，「精」囊括了血液和帶給身體營養和潤滑的體液，這包括黏液、精液、唾液、汗液、淚液等等。和四體液系統一樣，在這個系統中，任何一種液體太多或太少都會生病。

如果我們從古人那裡汲取一點靈感，更貼近地觀察自己的分泌物與排泄物（有一些勇敢的科學家正在做這件事），那麼我們

＊　這些體液和我們今日了解的體液無法完全對應。例如現代醫學中只有一種「膽汁」，顏色是綠褐色。這些古代的分類可能來自對血液顏色的觀察，血液靜置一段時間後會分層，呈現黃色（血清）、偏白的顏色（白血球）、紅色（紅血球），以及黑色（凝結的血）。

可能會有讓人驚奇的發現。正如後面的篇章所顯示的，我們要學的還很多。多年來，人類已經發展出許多頑固的迷思和根深蒂固的錯誤觀念。例如，不知為何，人都很急於相信尿液是無菌的，因此很適合用來沖洗傷口——儘管新的科學研究顯示人體基本上沒有任何一處是真正無菌的，這樣的說法卻一再出現，而且未來應該也會持續出現。還有放血也頑固地堅持了幾千年，雖然你實際上就是需要血才能存活。

　　所以，我們還能從這些「噁心」的自身產物裡學到什麼？不論是有益的還是有害的，它們還藏著哪些驚奇？隨著科學的涉入，我們或許會找出更多答案。或至少，我們對自己每天生產的油脂、體液和廢棄物可以多一點欣賞的眼光，而不是厭惡地把它們的痕跡全部刷洗得一乾二淨。無論如何，我都希望你能獲得一些有關自己身體的新知，甚至以一種全新的眼光看待自己的身體產物：流動資產。

挖金礦

談到耳朵，請遠離棉花棒

真正懂得欣賞耳垢的人很少。這種帶有黏性的物質由我們耳朵內不同腺體的分泌物混合而成，科學家稱之為耵聹（cerumen）。耵聹一點都不平凡：它不只具有抗菌能力，可以保護我們不受感染，還會在耳道裡緩緩向外推，把灰塵清掃出去。

喬治・普瑞提（George Preti）感嘆：耳垢雖然具有諸多功能，卻是「一種被忽視的人體分泌物」。普瑞提是一位化學家，在費城的莫耐爾化學感官中心（Monell Chemical Senses Center）研究人類的氣味。他舉例，耳垢的研究比糞便少很多，可能也比唾液還少。事實上，在今日的科學文獻中，耳垢出現的頻率還不如鼻分泌物（但是誰在乎呢？）。

如果世界上有耳垢粉絲俱樂部的話，普瑞提應該是合格會員。由於研究耳垢的科學家算來算去總是那幾個人，這個假想俱樂部的年度會員大會應該很溫馨——可能比較像小型雞尾酒派對。（如果你希望來賓能裝滿一整個宴會廳，那你可能必須邀請耳垢清除大隊一起參加。）

說到這個，興致勃勃的發明家想出各式奇招來挖耳垢，歷史倒是頗為悠久，至少可以追溯到 1897 年。當時阿弗列德・辛德（Alfred Hinde）醫生提出他的發明：「把鐵線一頭加熱、敲扁，然後彎成半圓形」，發表在備受推崇的《美國醫學會期刊》（*Journal of the American Medical Association*）。文中提供了一張圖示，那工

具看上去還蠻痛的。

但這個傳統就是不死。甚至到 2011 年，發明家史蒂芬・伯爾斯（Steven Burres）還申請了一項專利：「耳垢去除裝置，具有多樣化的結構，以提供各式耳垢去除能力。」專利中包含 24 種不同結構的圖示，包含表面覆蓋著各種不同顆粒、刷毛和突出物的桿子，還有「一種類似螺絲釘的結構，旋轉時可以一邊研磨耳垢，一邊把耳垢橫向移出。」

另一個 2012 年的道具看起來有點像電動牙刷頭，還包含一個可以告訴操作者他們已經挖了多深的系統。1966 年則有另一項更加令人不安的專利，是一種結合牙刷、刮舌器和耳垢清除器的道具。你絕對不想用錯頭。

諷刺的是，雖然我們著迷於掏耳朵，但對大部分人來說，耳垢其實應該放著就好。耳朵有自動清潔功能，如果說耳朵像烤箱，那耳垢就是烤箱用的重油汙清潔劑。它會自然掉落，所以除非醫生說你耳垢過量或有耳垢栓塞*，根本沒必要把耳垢掏出。而且因為耳垢是在耳道外側三分之一處產生的，把東西放入耳道中反而會把耳垢往內推，造成阻塞而非清潔。但人類就是一直無法停手。（Q-tips 之類的棉花棒商品其實註明了不要插入耳朵，但多數人拿棉花棒正是為了做這件事。）

同樣地，耳鼻喉科專家也特別討厭「耳燭」這種東西。如果你沒看過耳燭，那是一種中空蠟燭，一端插入耳朵，據說它的溫度加上吸力可以把耳垢吸出來。問題是耳燭沒效。2004 年一篇論文的標題彙整出了耳科醫生對它的觀感：〈耳燭：無知對戰科學的勝

----

* 根據美國耳鼻喉科學院—頭頸外科（American Academy of Otolaryngology - Head and Neck Surgery）的統計，大約每 10 名兒童和每 20 名成人中會有一人耵聹栓塞或過量。在這種情況下，應由醫生來除去耳垢。

利〉。基本上,多年來的測試已經顯示耳燭既不會提高溫度,也不會產生吸力,更不用說滴落的燙熱蠟油可能燒傷你的鼓膜。「無法避免的結論是,耳燭的害處多過好處,」文張如此作結,發表於《喉科學與耳科學期刊》(*Journal of Laryngology & Otology*)。

無論如何,只要有人花時間檢查耳垢,而不是試著點火去除它,就會發現耳垢意外地有趣。研究重心主要放在腋下和口腔氣味的普瑞提(這已顯示他並非膽怯之人),從耳垢的氣味中挖出寶藏。2014 年,他和同事指出,不同族裔的耳垢氣味有明確的不同。

他發現,歐洲或非洲裔的人,耳垢常是溼黏的黃色,東亞裔和美洲原住民的耳垢則往往是白色,乾燥而易碎。對於有黃色耳垢的人,雖然我很不想告訴你這個消息,但這種耳垢會發臭。讓這類歐洲耳垢產生氣味的有幾種化合物,其中兩種(2- 甲基丁酸和異戊酸)據說聞起來像吸了腳汗的襪子,另外一種(己酸)據說聞起來像山羊。

這種差異,有部分來自基因 ABCC11 的微小突變。在久遠的過去,遺傳序列上一個小小密碼的改變,就讓東亞族群免於狐臭和又黏又臭的耳垢之困擾。感謝這個基因,多數東亞人的腋下都缺乏那種化學物質,不會被細菌分解產生體臭,同時耳垢中的這些加味化合物也比較少。

耳垢不但透露一個人的基因,也有助診斷疾病。目前已經知道,耳垢能比血液或尿液更早呈現出兩種疾病的訊號。其一是楓糖尿症(maple syrup urine disease),這會使尿液聞起來香甜,但卻是一種危險而致命的代謝疾病。另一種疾病則是黑尿症(alkaptonuria),也是一種代謝疾病,患者會排出深色尿液,放置一段時間後會變黑色,這種病也會讓他們的耳垢變成紅褐色或

黑色。事實上，現在也發現，分析耳垢可以偵測其他疾病，包括肝炎、某些癌症，以及有毒化學物質的接觸。

這還不是全部。事實證明，耳垢的物理特性也十分驚人。幾年前，研究生艾歷克西斯・諾埃爾（Alexis Noel）在喬治亞理工學院跟隨胡立德做研究（就是帶領團隊研究排便動態的那位）。有一次，她男友不得不從耳中取出一坨耳垢，之後她就對耳垢的物理學產生好奇。做過許多實驗之後，她發現耳垢是一種非牛頓式的剪切稀化流體：這種特殊物質大部分時間是柔軟的固態，但施加壓力時，可以變成液體般流動。（結果這種物質還頗有用。例如我剛買的一個手機殼，邊緣就用上了非牛頓式流體，掉落時可以吸收衝擊力。）

諾埃爾想知道非牛頓式流體在耳朵裡做什麼，因此她測量了人、豬、狗和牛的耳垢的物理性質。她拍攝人耳道內部的影片時，發現我們的顎因為說話或吃東西而運動時，會產生壓力，使非牛頓式耳垢流動，協助把耳內的塵垢帶出來。她也發現，隨著灰塵和碎屑的累積，耳垢也變得容易破碎，就像往麵團裡加更多麵粉一樣。這有助積了較多灰塵的舊耳垢從耳朵裡掉出來，讓新鮮耳垢有繼續發展的空間，不至於累積過多。

真是高招。諾埃爾甚至想到，我們也許可以做出模擬耳垢的黏性塗料，運用在濾淨系統中。或許在不久的將來，你會到醫生那兒去做耳垢掃描診斷，穿著醫院罩袍在冷氣房內發抖，而這種冷氣的空氣濾淨系統正是從耳垢得到靈感的。

事情可能還更簡單：也許下次你要把棉花棒或耳燭插進耳道之前會先三思。光這一點就已經是一種進步的跡象。而且誰知道呢？或許耵聹終會得到它應得的敬重。

糞便的療效

糞便移植的願景與危險

雖然聽起來很噁,但用糞便治療疾病,其實有著漫長多彩的歷史。有時候,這「多彩」就真的是字面上的意思,例如傳統中醫有所謂的「黃龍湯」,是一種加入健康人糞便的湯劑。這種療法至少可以回溯到公元 4 世紀,當時的學者葛洪在他的著作《肘後備急方》裡記載了黃龍湯的做法與適應症。

有一些現代科學家也建議用「黃龍湯」來治療腹瀉。如此看來,葛洪的療法非但不噁心,還很有先見之明,因為我們現在已經知道,糞便療法可以把健康人的「好」腸道菌移植到病患的腸道,治療嚴重的腹瀉疾病。

不論中國古代的醫生是否知道黃龍湯的作用方式,可以確定的是:那些膽敢喝下黃龍湯的人,只要腹瀉的原因是微生物,應該都見證了成效。

過了很多個世紀以後,在 1957 年,一位名叫史坦利・福柯(Stanley Falkow)的 23 歲醫療技術員做出了黃龍湯的藥丸版本。當時醫院裡有一種棘手的葡萄球菌在肆虐,所以醫生在手術前都必須先給予病患很高劑量的抗生素。福柯在過世前幾年的 2018 年回憶,當時抗生素把病患腸道中的細菌殺得乾乾淨淨,連糞便都變得沒有氣味。他們缺乏細菌的腸道變得一團混亂,開始發生腹瀉、胃腸積氣和其他腹部問題。(今日,現代醫學已經確認:我們的腸子要正常消化,必須仰賴微生物群系的獨特平衡。用過量

的抗生素來殺死壞菌，也會引發問題。）

為了處理這種讓人不舒服的情況，和福柯合作的一名醫生想到了一個解決方法：先取得病患的糞便樣本，然後給予抗生素，最後在手術之後把糞便重新引入腸道。由於這些糞便含有病患平時的腸道微生物，因此理論上，重新置入糞便應能重新建立病患的腸道細菌相。問題在於，如何把糞便放回病患體內。

因此福柯想出了一個計畫。他把糞便放入不透明的膠囊中，讓病患和其他藥物一起吞下。這個方法奇蹟似地奏效了：吃了糞便膠囊的那些病患，在手術後的表現比其他人好很多，雖然他們不知道自己到底吃了什麼。最後，醫院的行政長官直接質問福柯：「聽說你給病患吃屎，是真的嗎？」福柯回答是，然後就被開除了（雖然幾天後又被重新聘用）。

數十年後，福柯被證實是對的；益生菌和糞便移植成了醫學上的熱門趨勢。保有腸道菌群的方法看起來簡單又可靠：醫生取來健康人的糞便，連同裡面健康的微生物群落，引入病患的腸道裡。這個方法在今日稱為糞菌移植，雖然聽起來很正式，不過基本上就是換大便的意思。

和福柯的時代一樣，難處在於如何把糞便置入病患體內，又不讓病患感到太噁心。今日的醫生通常是把一條管子從鼻子插入，通過喉嚨，進入胃或小腸，用由上而下的方式輸送糞漿。或者也可以利用結腸鏡的管子或灌腸劑，由下而上。兩種方法都不是很舒服，但都可以讓糞便抵達需要它的地方（根據病症不同，位置也不一樣）。糞便藥丸的選項也還是存在，只是這種方法也有缺點——例如病患可能必須在一小時內吞下 30 顆以上的藥丸。

然而，雖然牽涉到這麼多不愉快的因素、打破了這麼多的禁忌，糞菌移植卻還是意外地成了受歡迎的療法——特別是遇到「困

難梭狀芽孢桿菌」（*Clostridium difficile*，常簡稱為 *C. diff*）感染的時候。這種細菌平時在人類腸道中是不起眼的小角色，在我們體內超過自己細胞數量的龐大細菌組成中，只占了很小的比例。但如果抗生素或化學治療摧毀了一個人體內較有益的細菌，*C. diff* 就有可能反客為主。在 2000 年代初期，出現了一個傷害性特別強的 *C. diff* 品系，能頑強抵抗抗生素，這也是為什麼光是在美國，它一年就可導致 1 萬 5000 人喪生。來自健康人的糞菌移植，可以幫助重建微生物群系，讓 *C. diff* 不再囂張。

而現在，有更多研究證實了糞菌移植的有效性。有一項 2018 年發表在《新英格蘭醫學期刊》的小型研究顯示，治療 *C. diff* 感染時，糞菌移植的效果和抗生素一樣好。結果令人印象深刻：接受健康人糞菌移植的病患，九人中有五人立刻痊癒，而使用抗生素的病患則是 11 人中有五人。這項研究的病患雖然只有 20 人，但支持了較大型研究顯示的結果：使用抗生素失敗的人，糞菌移植對他們有效。根據 2018 年一份發表於《家庭醫業期刊》（*Journal of Family Practice*）的研究，施予一次糞菌移植療程，*C. diff* 感染的治癒率是 80~85%，重複治療時，數字就跳到 90~95%。至於抗生素，治癒率只有 25~27%。

更有甚者，糞菌移植對其他各種腸道衍生問題可能也有幫助。最近有人研究把糞菌移植應用在發炎性的腸道病症，例如潰瘍性結腸炎，甚至是肥胖。（小鼠身上的一些試驗顯示，糞菌移植可以讓肥胖小鼠變瘦，反之亦然，但人類身上的結果並不穩定。）

然而，要得到糞便治療，卻比想像中困難得多。目前為止，美國食品及藥物管理局（FDA）只允許在抗生素失敗後，把糞菌移植作為最後手段來使用。病人通常要先受罪幾個月，看看抗生素是否奏效（通常沒效，因為抗生素往往就是這類問題的根源）。

於是有一些醫生——包括麥可·布列豪爾（Michael Bretthauer），也就是比較兩種療法的研究者之一——建議把糞菌移植作為優先方法，而不是最後手段。

布列豪爾說，醫生之所以不太願意進行糞菌移植，有部分原因是膽怯。「使用糞便算是個小禁忌，」他在 2018 年告訴《紐約時報》。「如果你要把別人的糞便放到病患體內，理由必須非常充分。」

儘管如此，還是有很多病患沒那麼排斥嘗試糞菌移植，尤其是那些活得很痛苦、隨時可能狂瀉的人。有些人在絕望之餘，甚至自己動手進行。畢竟，它需要的只有一台果汁機、一組灌腸道具，以及一個你心理上能夠接受的捐贈者。超簡單。不幸的是，這也是個非常爛的主意。

「有些〔病患〕甚至向我們徵詢以寵物作為捐贈者的意見，」兩位微生物學家在 2014 年向《自然》期刊投書。提出這種駭人的實例，是希望說服 FDA 改變糞菌移植的相關法規，減少限制，讓醫生更容易使用篩檢過的糞便進行移植。事實上，狗大便無法治癒人類，因為狗的細菌和人不同，更何況家用灌腸器也無法把微生物送到腸道內能夠發揮作用的地方。（而你鐵定也不想把小白的大便灌進自己的直腸，結果卻白忙一場。）

而就算你用的是人的大便，也不是隨便一個人都可以當捐贈者，因為糞便含有致病的病原和寄生蟲。即使外表看起來很健康的捐贈者，也可能帶有細菌和病毒，只是他們自己的微生物群系可以應付，但你的不行。你的遺傳、免疫系統、飲食和環境，共同創造出你體內的生態環境，因此你任意導入外來的入侵者，結果會難以預測。你體內彼此爭鬥的細菌可能會變成《權力遊戲》的寫照。

　　這就是「OpenBiome」這個非營利組織出場的時候了。它有點像血庫，只是收藏的是糞便——之前我給它取了個名字叫「咖啡十字會」*。有一次，有個朋友感染了 *C. diff* 卻無法藉由糞菌移植來治療，於是研究生卡洛琳・愛德斯坦（Carolyn Edelstein）和馬克・B・史密斯（Mark B. Smith）決定建立一個糞便庫。這個非營利組織篩檢糞便樣本，確保裡面沒有病原體和寄生蟲，然後提供給醫院。從 2012 年起，他們已經寄了超過 3 萬份大便到七個國家。而且 OpenBiome 的標準可是很高的：他們炫耀說自己糞便捐贈者通過審核的比例，比哈佛的錄取率還低。

　　OpenBiome 和其他團體也發展出內含糞便製劑的膠囊（有一個澳洲團體把他們的膠囊稱為「糞囊」），希望隨著醫生取得更多關於膠囊有效性的數據，膠囊也會得到更普遍的應用。他們的最終願景是研發出從糞便萃取的細菌混合物（不包含糞便本身），徹底改善目前治療方法中的噁心因素。

　　由於糞菌移植如此成功，看來它有朝一日勢必會成為例行療法。我預測，糞囊一旦成為可行選項，我們很快就會採用。也許，未來當我們回顧糞菌移植的早期歷史，想到它必須真的把糞便放進某人體內，會和現在的我們想到讓水蛭在身上吸血一樣感到恐怖——但吞下「便便益生菌」時卻完全不會有心理障礙。目前而言，如果你發現自己需要糞便的幫助，我的忠告是：孩子，不要自己在家嘗試。

....

* 　我通常盡可能避免開和廁所有關的玩笑，但 2014 年，我在「科學詭案調查局」部落格的文章裡把 OpenBiome 稱為「咖啡十字會」，結果其他媒體就跟著用了這個名字。OpenBiome 的人很喜歡，他們自己偶爾也會使用。至於紅十字會作何感想，就不得而知了。

在游泳池裡尿尿

這很噁、很真實──也有點毒

讓我們如此設想：你跳進去的下一個游泳池裡會有尿。因為可能性很高。裡面應該也會有非常少量的糞便、些許人類的汗，還有陌生人的表皮細胞在那裡漂來漂去。

游泳池基本上就是一個個巨大的藍色馬桶，不斷為主人帶來挑戰。我記得小時候朋友家的泳池放了個標語：「歡迎來到我們的泳池。請注意裡面沒有尿。讓我們保持下去！」當然，我沒管他，還是尿了。然後朋友告訴我，有一種可怕的泳池藥劑，可以把尿變成紅色，讓偷尿尿的人四周出現可恥的紅色雲霧。這讓我遲疑了。後來有很多年，我都擔心游泳池裡含有那種藥劑，所以總是離開池子，忍受剝下連身泳裝的麻煩，乖乖使用廁所。

這是個很有效的威嚇──但現在我要戳破它。根本沒有這種藥劑存在。那完完全全就是個都市傳說。當爸媽的用了它幾十年，而泳池用品店的店員也常遇到有人要買「尿液指示劑」。雖然聽來合理，但根本不可能有這種化學藥劑，因為你必須找到只針對尿液改變顏色的物質（忽略所有其他掉進游泳池中的有機物），還要能安全地大量加入池中，這樣藥劑的分子變色時，才能夠清晰顯現。

而科學家也沒什麼興趣研發這種物質。或許這樣最好，否則全世界所有的游泳池很快都會變成紅色。但這不表示科學家沒有認真面對泳池中的尿液問題。近年來，研究者確實已經著手解答

困擾著羞愧偷尿者的問題：尿液進到游泳池裡會發生什麼事？

答案並不美麗。化學家在 2017 年指出，一般商業規格的游泳池所含的尿量約達 75 公升，而私人游泳池的平均含量則大約是 7.5 公升。這些數據是透過測量加拿大兩個城市 31 個游泳池中的人工甜味料安賽蜜（acesulfame）得到的。因為這種人工甜味料無法代謝，每個人的尿液中幾乎都有，所以成了池水中尿含量的良好標記。

另一項 2014 年的研究帶來了更糟糕的消息：實驗顯示，尿液進入加氯的水中時，會產生氯化氰這種有毒物質。這種物質是池水中的氯和尿液中的氮彼此作用形成的。它有如催淚瓦斯，會讓眼睛、鼻子和肺感到不舒服，被歸類為化學戰劑的一種。（可想而知，這份研究很快就造成了這樣的新聞標題：「在游泳池中小便等於打化學戰」。）

不過，宏觀看待游泳池中可能發生的危險，氯化氰的情況到底有多糟？下次去游泳時，你真的需要擔心尿液帶來的危險化學物質嗎？在 2014 年那項研究中，研究者在實驗室中把尿酸（尿液中含有的成分）和氯混合。在研究者設定的最壞情況下，他們把模擬尿液和汗液的混合物質與高濃度的氯調配在一起，發現氯化氰的濃度約為 30ppb（十億分之一）。這低於世界衛生組織（World Health Organization）對飲用水的氯化氰建議濃度上限 70ppb。

別忘了，實驗室得到的最大值不是游泳池中的實際值。《科技藝術》（Ars Technica）新聞網站的記者凱西・強斯敦（Casey Johnston）做了一個有趣的思想實驗，她計算在奧運規格的游泳池中，需要多少尿液才能產生使人很快「昏迷、抽搐和死亡」的氯化氰。答案是 2500ppb。

「結論是，我們需要的池水是兩份水對一份氯，它的腐蝕力

可能會讓你的眼球從眼窩裡掉出來，皮肉也會和骨頭分離，」強斯敦這麼寫道。「如果你和另外 300 萬名泳客可以進入這個池子，在身體還沒溶掉、還沒被其他人擠扁、還沒被巨大的尿液海嘯溺死前，把尿尿釋放到池中……是的，這樣你是有可能死於氯化氰中毒。」

當我試著更加深入了解這份計算時，前述研究的科學家感到困惑，因為他們的實驗是為了呈現出一般游泳池中的有毒產物濃度有多麼低，而不是計算殺光整池人所需的濃度。公允地說，要把一個游泳池變得毒到可以把人立刻殺死，需要的尿液是非常多的。但研究者也指出，即使實際上泳池中產生的毒物量小很多，仍有健康上的隱憂。坦白說，要除去所有氯化氰其實很簡單：別在游泳池中小便就是了。

那篇研究還附了一份 20 人用過的小型社區游泳池的計算。如果你假設 20 人中只有部分人尿在池裡，平均每個人只釋放 50 毫升的尿液（約等於一個烈酒杯的量），那麼每公升池水中只有 12 微克（百萬分之一克）的氯化氰。這相當於 12ppb──不算多，但或許比你理想中的休閒時光裡該有的化學戰劑要多。

有趣的是，尿液和氯還會產生另一種肺部刺激物──三氯化氮，以及少許氯仿。近年來，科學家指出三氯化氮可能是兒童氣喘變得較為普遍的原因之一。在一份 2018 年的研究中，瑞典研究者測量兒童游泳池中三氯化氮的濃度。他們發現，暴露於這種化學物質，和較高的氣喘風險相關。

這不表示我們應該趕緊把孩子從游泳池裡拉出來。研究者的建議是常識性的預防措施。如果你家小孩有氣喘，游泳時你可以特別注意他們的狀況。尤其是在室內游泳池，含氯氣體的濃度會比室外高。

至於其他人，必須把尿液引發的有毒氣體問題放在適當的脈絡之中。如果你正在權衡游泳的風險，請考慮其他危險的可能性：

溺水。目前為止這是最大的風險，尤其如果你是男性，風險更高。在美國，溺水者約 80% 為男性。全世界而言，每年死於溺水的人超過 30 萬人。

糞便中的大腸桿菌。有人穿著尿布進游泳池：不用我再多說了吧。

池水中其他消毒劑的副產物。有一些產物是已知的誘變劑，也就是會造成突變的物質，有可能導致癌症。但有一篇回顧性評論發現，即使把池中所有化學物質納入考慮，池水的誘變效果和一般飲用水差不多。換句話說，你不用為了這個問題而睡不著覺。

一起游泳的同伴因為你在池中小便而把你殺了。有可能。

就我自己而言，知道游泳池中含有某些噁心的東西，並不會阻止我去游泳。但我不會推薦你喝池中的水，畢竟裡面還是充滿了氯和尿。

舔舐傷口

不，狗嘴並沒有比人嘴乾淨

2007 年，當茱莉・麥肯納（Julie McKenna）抵達澳洲密杜拉（Mildura）的醫院時，幾乎無法說話。她手腳冰冷，布滿斑點，臉色發紫。醫生很快確認麥肯納罹患了敗血性休克。她血流中的細菌正在攻擊她的身體。但即使開始使用抗生素，紫色區域還是繼續擴散，她的器官也開始衰竭。最後，她的四肢有些部分也開始變黑。

住院超過兩週後，醫生終於鑑定出她血液中的細菌：犬咬二氧化碳嗜纖維菌（*Capnocytophaga canimorsus*），這種病原常出現在健康貓狗的唾液中。直到此時，麥肯納才想起，幾週前還沒發病時，她曾燙傷自己的左腳尖。燙傷沒有很嚴重，家中的獵狐 幼犬舔那個傷口時，她也沒想太多。

對於自己口水中有些什麼東西，我們多數人都處於幸福的無知狀態，至於寵物的口水就更不用說了。有些人寧可不要知道——包括那些喜歡讓狗熱情舔吻的人。我不是那一類人，所以如果有狗企圖舔得我全身都是口水，我就會退避。但狗主人有時會說：「噢，牠的嘴比你的乾淨咧」——彷彿每個懂邏輯的人都會把握機會用狗的口水洗澡一樣。好吧，讓我告訴你：你家狗的嘴巴沒有比我的嘴巴乾淨。

近年來，科學家開始記錄所有生活在貓狗口腔中的細菌種類，而這些研究揭露了一大票潛伏在水潤熱吻和粗糙刮舔中的病原。犬咬二氧化碳嗜纖維菌在小狗口腔中不是什麼問題，這種細菌至

少存在四分之一的狗和許多貓中。人類通常沒有這種細菌，所以當它進入麥肯納的血液中時，她的身體很難應付這種陌生的入侵者。

抗生素最後終於扭轉情勢，但醫生必須幫麥肯納截肢，包括左腿膝蓋以下、部分右腳掌，還有每根手指和腳趾。後來她告訴澳洲的 ABC 新聞：「這件事徹底改變了我的人生。」

要說有誰了解貓狗口腔裡的東西，那個人絕對是弗洛伊德·杜威斯特（Floyd Dewhirst）。他是福塞斯研究所（Forsyth Institute）的細菌遺傳學家，也是哈佛大學的口腔醫學教授。杜威斯特是研究人類和貓狗口腔微生物群系的先驅（口腔微生物群系就是生活在嘴裡的所有細菌）。據他研究，人類口腔中常見且數量豐富的細菌種類約有 400 到 500 種。在狗的口腔裡找到的細菌約有 400 種，貓則是 200 種。他也預期，更深入研究之後，還會找到更多種細菌。

雖然我們的皮膚和免疫系統通常可以抵禦細菌，但細菌也有可能突破這些系統。被狗咬時，受感染的機率約有 10%~15%，被貓咬則是高達 50%。這有時會產生致命的後果：一項研究顯示，確定感染犬咬二氧化碳嗜纖維菌的人中，有 26% 死亡。

杜威斯特說，我們從寵物那裡受到感染的主要原因之一，是因為彼此的細菌生態系差異太大。「如果你比較人和狗，相同的細菌種類只有 15%，」他說。所以我們的免疫系統和原生細菌不太可能認出來自狗口腔的陌生微生物相並加以抵禦。另一方面，貓和狗之間的口腔微生物群系，則有 50% 是重疊的。

杜威斯特又說，這種差異的由來，可能有部分源自細菌食性的演化。人類口腔中的優勢細菌是鏈球菌，這類細菌擅長吃糖。「貓狗通常不會吃太多甜甜圈，所以幾乎沒有鏈球菌，」他說。

貓狗只要舔一下，就可能帶給人類數以百萬計的陌生細菌，

且好幾小時後仍可以在人類皮膚上檢測出來。杜威斯特和同事研究人類皮膚上的微生物群系時，驚訝地發現有些人的皮膚上塊狀分布著狗細菌。「所以，如果你被狗舔過，然後有人在五個小時後拿棉花棒擦拭被舔過的地方，那他可能可以找到超過 50 種狗的口腔細菌，」杜威斯特解釋。

奇怪的是，歷史上有許多傳說，認為狗的口水有治療效果，沒有害處。據說在古希臘醫神阿斯克勒庇俄斯（Asclepius）的神殿裡，人會讓狗舔舐傷口。還有一個未經證實但流傳已久的故事，說凱薩的軍隊會讓狗來舔舐傷口。就算真是如此，也不表示這種做法是正確的。

狗和貓的口中確實含有幾種抗菌化合物，包括一種稱為胜肽的小分子，但它也存在於人類口中。你家寵物的舌頭可不是廣效性抗生素的神奇來源，因為就算牠們口腔中存在著可以殺菌的物質，裡面還是有許多有害的細菌。

此外，獸醫凱瑟琳・皮姆（Kathryn Primm）說，唾液抗菌性質的研究已經被人從原本的脈絡中抽離。皮姆經常撰寫有關貓狗的文章，並主持廣播節目「九命貓醫」（Nine Lives with Dr. Kat）。她指出，1990 年有一項研究發現，母狗舔舐自己和幼犬時，唾液具有微弱的抗菌效果。另一份 1997 年發表於《刺胳針》（The Lancet）的研究顯示，當唾液沾在皮膚上時，裡面的亞硝酸鹽會轉變為具有抗菌效果的氧化氮。但這兩項研究都是針對同物種之間的舔舐。

相對之下，在 2016 年，有一名士兵讓狗舔舐他的傷口，結果他就因細菌侵襲而昏迷了六週。只是這樣的感染並不常見。根據 CDC 的資料，絕大多數養寵物的人從來沒有感染過犬咬二氧化碳嗜纖維菌。在美國並沒有這種感染的發生率估計值，因為犬咬二

氧化碳嗜纖維菌的感染並不需要強制通報給 CDC。但 2011 年一項荷蘭的研究發現，每年感染這種細菌的人數低於百萬分之一。這證明了我們的免疫系統十分優秀。

但這項統計也帶來另一個問題：如果你的寵物口中充滿細菌，牠們舔拭自己時又如何達到清潔目的？家貓之所以花很多時間梳理自己，是因為保留了捕食者的本能。皮姆說，野貓用充滿小刺的舌頭來「清除毛上的血跡和殘渣」。很大程度上，牠們是為了避免把自己的行跡洩露給獵物，所以目的是除去有氣味的物質，而不是除掉細菌。貓在理毛時候，其實會把口中的細菌塗在毛上。

相較起來，狗就沒有這麼講究。「如果你不幫狗清潔身體，牠就會一直這麼髒，」皮姆說。「牠們不像貓那樣是行蹤隱密的忍者獵人，所以從生存的角度來看，清潔沒有那麼重要。」而由於狗不會自己理毛，也就不會不斷地把細菌塗在自己的毛上。

對養貓人來說，好消息是貓的口腔細菌並不會在貓毛上無限期存活下去。壞消息則是這些細菌也不會立刻死掉。2006 年，日本科學家在每公克貓毛上找到將近 100 萬個活菌。他們也測試，如果一個人預先消毒手部，然後撫摸貓兩分鐘，會有多少細菌從貓轉移到人手上。答案應該可以讓貓奴鬆口氣：每次撫摸，只會沾上大約 150 個細菌。以細菌的標準來說，這個數字實在不大。

所以，只要我們自己也維持乾淨，摸寵物通常不會有什麼問題。皮姆的建議是建立標準衛生習慣。她說：「動物舔過你的手之後，最好去洗手。」重點是不要讓細菌穿透皮膚，因為細菌一旦進入體內，就會找到潮溼舒適的環境生長，可能導致感染。

至於狗和牠們溼答答的舔吻，只要你的免疫系統健全、臉部和嘴巴沒有傷口，不會讓細菌有機會進入血流，通常也是無害的。「這週就有兩隻不同的狗舔過我的嘴，」皮姆說。

　　儘管如此，還是要記得：嬰兒和老人的免疫系統可能比健康成人弱。有一個病例，是一個七週大的嬰兒被父母送到醫院，症狀是發燒及頭頂囟門隆起。後來發現他罹患敗血性巴氏桿菌（*Pasteurella multocida*）造成的腦膜炎，這種病原也常見於貓狗口腔。這戶人家還有個兩歲大的哥哥，常讓家裡的狗舔自己的手，然後又習慣讓弟弟吸允自己的小指。

　　貓狗每舔一次會有多大機會造成感染，實在難以判斷，但這機會顯然不是零。而且說狗嘴（或貓嘴）比你的嘴「乾淨」，完全不正確。所以請記得洗手，而且在接受你家毛小孩的熱情溼吻之前，還是三思為妙。

尿，還是不尿？

提示：你身上沒有無菌的東西

「如果有必要，我也願意在你們身上撒尿。」這是 1997 年左右美劇《六人行》（*Friends*）的一句經典台詞。莫妮卡被水母螫傷、錢德撒尿在她的傷口上之後，喬伊好心說了這句話。原因是喬伊在 Discovery 頻道看到用尿緩解水母螫傷的方法，於是錢德就貢獻了他的小便來幫莫妮卡止痛。節目中，整個事件尷尬逗趣，但是有效。然而在現實中，尿療卻沒這麼可靠。

事實上，尿液可能會讓水母螫傷的傷勢惡化。水母留在人皮膚裡的刺絲細胞，只要遇到鹽度變化，就會釋放更多毒液。所以如果你的尿液太淡（水分充足的人都是如此），反而會刺激更多毒液釋放。況且，你身邊應該本就充斥著更適合用來沖掉刺絲細胞的含鹽液體：海水。

人也不是只有在撞上水母時才會在自己或朋友身上撒尿。假設你發現自己躺在山溝底部，腿上有一道頗深的傷口，上面沾滿沙土。根據網路上某些說法，你可以嘗試在傷口上撒尿來清潔。有些人甚至更進一步，建議你在緊急時喝尿來避免脫水，甚至每天小酌，當作養生補品。

1978 年，印度總理莫拉爾吉・德賽（Morarji Desai）在《60 分鐘》的訪談中告訴記者丹・拉瑟（Dan Rather），他每天都會喝自己的尿，因為「喝尿抗百病」。這大概是震驚的美國人對這位總理來訪所能記得的唯一一件事了。但德賽描述的，是有些人至今仍深

信不疑的作法。

我說清楚：醫生警告，喝自己的尿是危險的，因為裡面充滿了腎臟好不容易為你濾出的廢棄物。就算在緊急情況下，例如沒帶水困在沙漠裡，美國陸軍的野戰手冊也指示士兵不要這麼做。喝尿只會讓你脫水更嚴重，因為裡面純水只占大約95%，其餘的5%是鹽、尿素和其他代謝廢物。美國陸軍把尿液和海水同時列入「不要飲用」清單，而海水的鹽分只占3.5%。

我不知道為什麼人類如此執著於找到尿液的新功用。不過，這些所謂的治療作用背後都有一個前提假設，認為喝尿或在傷口撒尿之所以安全，是因為尿液是無菌的。不幸的是，這又錯了。就算你的醫生也這樣說，尿液仍然不是無菌的。

有超過60年時間，醫學系學生都被教導：尿液裡會有細菌，一定是因為感染。但近年來，科學家已經翻轉了這個理念，有愈來愈多研究顯示，我們全身每個地方都住著微生物。「現在，我們既然已經知道那裡有微生物，問題就變成：它們在那裡做什麼？」伊萬・希爾特（Evann Hilt）提問，她是芝加哥羅耀拉大學（Loyola University of Chicago）執行研究的科學家之一。她說：最可能的情況是，「就像我們身上任何一個生態區位，好的微生物相有助你維持健康。」

希爾特解釋，關於尿液無菌的都市傳說，似乎是在1950年代開始的。當時流行病學家愛德華・卡斯（Edward Kass）正在尋找一種篩檢方法，以確定病患的尿道是否發炎。卡斯發展出中段尿檢測法（也就是你尿在杯子裡時使用的那種方法），然後設定一個一般尿液細菌數的上限——每毫升尿液形成的菌落不超過10萬個（菌落是培養皿上產生的細胞群）。只要在實驗室培養皿中長出的細菌低於這個閾值，一個人的細菌測試就被視為「陰性」。

希爾特說：「尿液無菌的信條，似乎是無意間造成的結果。」

因為懷疑尿液中有某些細菌在一般條件下可能長得不夠快，因此逃過檢驗的注意，希爾特和她的同事決定嘗試一種更為靈敏的技術。結果他們是對的。首先，他們用導管直接從膀胱採集 84 名女性的尿液，其中半數因為有膀胱過動症而頻尿。然後他們把樣本放到實驗室培養皿中，讓細菌在比較合適的條件下生長。超過 70% 的尿液樣本中出現了標準測試法通常不會顯現的細菌。還有，細菌的組成似乎與膀胱問題有關：膀胱過動女性的尿液中，細菌類型較多，而且有四種細菌只在膀胱過動的病患身上找到。

有大約 15% 的女性為膀胱過動所苦，而這項發現可能為她們帶來希望，因為標準療法把膀胱過動視為單純的肌肉問題，許多人都得不到效果。再者，了解到尿液並非無菌，也改變了我們思考感染的方式。如果膀胱本身具有正常的細菌群落，我們可能就必須從「健康」或「不健康」的細菌組成方式來看待膀胱的微生物群系，和我們現在對腸道菌的看法一樣。而事實上，羅耀拉大學的團隊對於健康的膀胱細菌組成應該是什麼樣子，已經有了一些概念。他們在 2018 年指出，女性膀胱的微生物群系和陰道的相似。

事到如今，身體到底有什麼地方真的無菌，已經很難說了。科學家探看過的每個地方，都已經找到微生物群系。證據顯示，我們的卵巢和睪丸也有自己的微生物群落，而胎盤是否無菌，也仍在持續爭論中。長久以來，子宮一直被認為是沒有細菌的地方——除非發生問題。但在 2013 年，聖路易華盛頓大學的微生物學家英迪拉・麥索列卡（Indira Mysorekar）卻在胎盤的嬰兒那側找到細菌。也有一些證據顯示，嬰兒出生時腸道中已有細菌，有可能是經由胎盤得來的。

　　那麼我們的腦呢？既然有血腦屏障的保護，腦殼中應該是最後的無菌堡壘吧？可惜，答案是否定的。當我問《科學新聞》的神經科學記者勞拉‧桑德斯（Laura Sanders）我們的腦中是否無菌時，她立刻回答：「噢，不。腦子裡充滿各種垃圾。」這包括細菌和病毒。

　　2013 年，科學家甚至在人腦中找到最常在土壤中找到的細菌。（在你要講什麼和「心智骯髒」有關的笑話之前，別忘了這些細菌到處都有——沒理由認為這些細菌是從土裡來的。）他們本來想研究免疫系統因 HIV ／ AIDS 而受創的人是否比較容易發生腦部感染，結果卻發現，不管有沒有 HIV，他們檢查過的腦全都含有細菌。沒有人知道這些細菌是怎麼進去的。

　　所以現在，有些科學家開始研究我們的腦中有哪些細菌，這些細菌又在做什麼。因為不能在人還活著時去挖他們的腦，所以研究者仰賴的主要是死後不久進行剖檢時採集的樣本＊。

　　在其中一項研究中，加拿大科學家比較有和沒有多發性硬化症的人死後的腦。過去懷疑腸道中的細菌會刺激發炎，在多發性硬化症扮演一角，而研究者的假設是腦部的細菌可能也參與其中。他們在兩組樣本的腦部細菌中找到足夠的差異，也找到細菌蛋白質和腦部病變的關聯，足以顯示腦部的細菌可能與多發性硬化症有關。這又是個例證：我們看得愈仔細，就會在我們的健康和體內微生物的健康之間發現愈多關聯。

　　這種關聯又帶我們回到一開始的問題：如果尿液不是無菌的，是否表示你不應該在傷口上撒尿？確實，那本來就不是什麼好主

＊　這引發了細菌是否在人死後才侵入腦中的問題。研究者對汙染很謹慎，並指出這些細菌不太可能在人死後才來到腦中。其中一個事實是，這些細菌和周圍組織裡的細菌是不一樣的。

意。如果你沒辦法取得乾淨的水，一般而言讓血流出傷口會比較好，可以讓傷口覆蓋在對抗感染的白血球中。

　　所以，如果知道尿液中含有細菌有助你說服善心的朋友不要在緊急時對你撒尿——那很好，不客氣。

流血之必要性

放血療法簡史

在印度最大清真寺的影子中，一條條排水溝被血染成紅色。這怪異的場景簡直讓人想起中世紀，尤其如果這是你第一次目睹現代放血療法的話。

他們的做法非常精確。首先，為了控制血流，專業放血師會用充當止血帶的布條把病患的手臂和腿綁起來。接下來，他們會用鋒利的刀片在手上和腳上刺出小洞。血液滴進一個水泥槽，裡面因為整天的放血作業已經染成紅色。同時，這些正在流血的人看起來頗為愉快。他們為了各式各樣的原因來此尋求治療，從關節炎到癌症都有，而且錢付得心甘情願。

既然放血被今日的醫生視為醫療詐欺，為什麼這個行業沒有消失？理由很簡單：長久以來，它都被吹捧為奇蹟般的萬能療法。或換個方式，用穆罕默德・伽耶斯（Muhammad Gayas）的話說：「血液變壞」時就會產生病痛。伽耶斯在德里賈瑪清真寺（Jama Masjid）的庭園裡經營放血生意。

放血的歷史至少起源於 3000 年前的埃及。希臘醫生蓋倫在公元前 2 世紀發展出一套放血原理，他（錯誤的）想法是肝負責造血，有時血製造得太多，就必須放掉一些血，以維持身體平衡。在整個 19 世紀，許多醫生都對平衡有著狂熱的執著。更不可思議的是，1942 年還有一本醫學教科書建議用放血來治療肺炎。

但放血有沒有任何好處？有的，但只在非常少見的特定情

況下。目前醫生會用它來治療一種紅血球數過高的紅血球過多症
（polycythemia），也用來治療血色鐵沉積症（hemochromatosis），
這是一種會在血液中留下太多鐵的遺傳性疾病。但像在賈瑪清真
寺那樣，作為癌症或日常病症的療法：答案是否定的。雖然現代
醫學已經徹底破解它宣稱的多數療效，但這種作法在印度、中國
和某些國家的部分地區仍以傳統醫學的形式持續存在。

　　不只是放血被吹捧的好處令人懷疑，剝奪身體的血液供應也
有危險。首先，人有可能會失血過多，這會導致血壓降低到危險
的程度，甚至導致心跳停止。人體中的血液平均只有約4~5.5公升，
如果失去半公升血，要花四到八週才能補回來。對已經生病的人
而言，放血帶來感染或貧血的風險更高。更不用說在多數情況，
它根本無法治病。

　　不幸的是，在中世紀，上述這些狀況仍不為人所知。在那個
時代，理髮師常兼具外科醫生的雙重身分，揮舞著他們的剃刀，
進行放血、拔牙、處理骨折等工作。最後，有系統的醫學訓練興
起後，理髮師就被禁止從事外科工作了。但今日，代表理髮店的
紅白旋轉燈仍然提醒著我們那段歷史：紅色和白色代表血和繃帶，
圓柱則是給病患抓握的棍子，目的是讓血管突起，以便放血。

　　要到18世紀，發生了一些放血的慘劇，長期受到推崇的放血
作法才產生了文化潮流上的逆轉。1793年費城爆發黃熱病時，名
醫班哲明・拉許（Benjamin Rush，美國《獨立宣言》簽署人之一）
開始為病人放血，結果引發了眾怒。各方說法都指出，拉許是個
放血魔人，而且個性很糟糕：「他剛愎自用，又自以為是、苛刻、
愛諷刺人、毫無幽默感，而且好辯，」他的傳記作者羅伯特・諾
斯（Robert North）這麼描述。

　　拉許認為，對某些病例，要把病人的血放掉80%。在黃熱病

爆發期間，諾斯描述「灑在〔拉許〕前院裡的血多到整個地方臭氣沖天，滿是蒼蠅。」後來估計，拉許的病患死了將近一半。

幾年後，在 1799 年 12 月 14 日，班哲明・拉許捲入了一宗與放血有關的訴訟：被控殺害病患後，他反告控訴者。就在拉許等待判決的同一天，喬治・華盛頓總統在維農山（Mount Vernon）家中的病榻上生命垂危。不久前退休的華盛頓喉嚨嚴重感染，他的醫生那天幫他放了好幾次血，放出的血估計超過 2 公升，將近他全身血量的一半。那天晚上他就死了，許多人都認為美國的第一任總統是被放血給害死的。

這個事件之後，放血的批評者開始增加，刺激了 1850 年代的放血大戰（雖然這場衝突主要是發生在醫學期刊上）。醫學統計的開創者皮埃爾・路易斯（Pierre Louis）開始說服醫生採用量化證據，不要再依賴放血病患的「康復傳說」。

約翰・修斯・班奈特（John Hughes Bennett）做了一項特別令人印象深刻的分析，顯示肺炎病患中，被大量放血的，每三人就有一人死亡。而班奈特以支持性療法處理的，例如提供流質和營養，則全都存活。醫界經過多年的激烈爭論之後，放血逐漸式微。

但這不表示放血不會偶爾又出現在醫學文獻中。我看到一篇 2002 年的初步研究，提出放血對一些糖尿病與鐵濃度過高的病患的血管有好處。不過這距離它成為這些疾病的慣用甚至可接受處理方法還很遠。

另有一項受到媒體注意的小型研究，在 2012 年發表於《生物醫學中心醫學期刊》（BMC Medicine），顯示有 33 名放血量至多半公升的人，與完全沒放血的人比較，六週後膽固醇比例和血壓都得到改善（醫生認為原因在於鐵的降低）。但鐵太少也會產生問題。再者，這份研究中移除的血相當少，和一次捐血的量差不

多（捐血對健康人是相當值得做的好事）。更重要的是，這份研究沒有移除安慰劑效應，而這想必是過去放血大受歡迎的因素之一。

有一篇發表在《英國血液學期刊》（*British Journal of Haematology*）的放血歷史文獻，把放血的淘汰視為理性的勝利，也是「醫學進步最偉大的故事之一」。這的確是一場勝利，但要感謝那些堅信科學證據勝於奇聞軼事的人，儘管他們在當時屬於非主流的少數。

了解到有這麼多人可以錯得如此離譜又如此執迷不悟，即使死了很多人也還是相信自己在治癒病患，實在令人驚愕。而這是我們所有人在面對任何「奇蹟療法」時都應該記住的教訓：奇聞軼事再多，都不是數據。

排毒的迷思

排汗真的能排出毒素嗎？

流汗曾經是禁忌。（記得曾有過一個時代，女性堅持自己不是在排汗，而是在發亮嗎？）然而搜尋各個時尚或美妝部落格，你會發現今天流汗正受到歡迎，至少如果你是在健身房流汗的話。從遠紅外線桑拿到熱瑜珈，這些令毛巾吸飽汗水的活動不只被吹捧為放鬆的工具，更是藉由排出體內毒素而保持健康的方法。根據這種想法，我們在環境中接觸到的有害化學物質，都可以由汗水帶出體外。

可惜的是，你不可能靠流汗排掉毒素，就像你不可能靠流汗排出子彈一樣。我們流汗的主要作用是幫自己降溫*，而不是排出廢物或有毒物質——那是腎和肝的工作。

當然，迷思的核心通常還是有一點道理，流汗排毒也不例外。雖然汗的主要成分是水，裡面仍含有微量的數百種物質，其中有些物質是有毒的。

化學家喬・施瓦茲（Joe Schwarcz）說：「要問的是有多少。」他解釋，汗液中有很多物質，但都非常少量。單是存在，並不表示足以構成健康上的風險。施瓦茲在加拿大馬吉爾大學

---

* 透過汗的蒸發來降溫，人類是世界上僅有的兩種動物之一。另一種透過大量排汗來降溫的動物是馬。（多數哺乳類是透過喘氣。）有趣的是，馬汗會起泡的原因，是牠們的頂端分泌腺會產生一種「發泡蛋白」（latherin），作用就像天然清潔劑。這種發泡作用幫助汗液通過馬體表的防水層，然後在體表蒸發。

（McGill University）主持科學與社會辦公室（Office for Science and Society），破解科學迷思。他們總是接到很多關於醫療詐騙的問題，包括許多宣稱可以「排毒」的。施瓦茲說：「無論何時，只要你看到『排毒』概念出現在大眾媒體上，通常都是愚蠢的。」

　　例如，多數「排毒」產品和飲食計畫，對於我們到底需要排出哪些毒，說詞都都相當模糊。殺蟲劑？重金屬？加工起司內的管它什麼東西？無論是什麼，毒素聽起來就是壞東西，我們當然希望它滾出去。而因為毒素是眼睛看不見的東西，很容易說服人只要斷食或飲用綠色汁液或流很多汗就可以把它排出去。（畢竟良藥苦口，辛苦的事情就對你有好處，不是嗎？）但只要你考慮到有毒物質實際上是如何在我們體內累積的，還有身體是如何排除它們的，你就會了解，多數排毒計畫就像「條蟲減重法」一樣荒謬。（譯注：條蟲減重法是吞下條蟲卵，讓孵化後的條蟲在腸子裡吃掉你吃下的食物，因此你吃再多也不會變胖。）

　　首先，我們因為熱或運動而產生的汗，來自汗腺，全身上下約有 300 萬個。因為我們靠流汗來降溫，所以汗液中 99% 是水，是很合理的。汗水中溶解了少量礦物質，像是鈉和鈣，還有各種蛋白質、乳酸和尿素，含量都非常少。

　　尿素是肝臟分解食物中的蛋白質所產生的廢棄物，所以說流汗可以排出少許廢物，是正確的。但在我們身體的廢物排除系統中，流汗只是個小角色。重任大部分是由腎臟來負擔，而離開身體的大部分尿素都存在尿液中。只有在腎臟衰竭時，流汗才會變成身體排出尿素的重要管道。

　　至於人造汙染物質，帕斯卡·伊姆伯特（Pascal Imbeault）曾在 2018 年帶領研究團隊計算汙染物質的濃度。他說：在汗液中能找到的量實在很低，基本上毫無意義。伊姆伯特是加拿大渥太華

大學（University of Ottawa）的運動生理學家，研究脂肪（特別是累積在體脂肪中的汙染物質）會發生什麼事。這些「持久性有機汙染物」包括殺蟲劑、阻燃劑、多氯聯苯。其中多氯聯苯已經禁用，但在環境中依然找得到。

多數人想到存在於食物和環境中的「毒素」時，所想的正是這些化學物質。但伊姆伯特指出，這個用法不太正確：毒素（toxin）是生物產生的有害物質，來自植物、動物或細菌。人造的有毒物質稱為毒物（toxicant）。

無論如何稱呼，你都不會在汗液中找到大量持久性有機汙染物，而理由在於基本的化學原理。伊姆伯特繼續解釋：汗主要由水構成，但這些汙染物質喜歡脂肪，在水中難以溶解。（這是為什麼我們會說合不來的人就像是「油和水」，他們就是無法混合。）

伊姆伯特和他的同事做了一些計算，先測量汗中的脂肪與汙染物，來看有多少汙染物質可能隨汗排出。他們發現，一般人如果做了 45 分鐘的高強度運動，一天可排出的汗量共有 2 公升（包括平時的正常排汗），而所有的汗裡所含的汙染物少於 0.1 奈克（1 奈克相當於 10^9 分之一克）。

綜觀全局：「汗中所含的量，相當於每天從飲食中攝入的量的 0.02%，」伊姆伯特說。如果你真的很努力做很多運動，最多可能排出平均一天攝入量的 0.04%。換句話說，靠流汗，連排除當天吃下的少許汙染物的百分之一都辦不到。

別忘了，多數人身體裡的殺蟲劑和其他物染物本來就非常少。喬・施瓦茲說，對分析化學家來說，能夠偵測到兆分之一含量的化合物，的確是一種證據，但這不表示那種濃度的化合物會對你造成傷害，也不表示把它逐步壓到更低濃度，會有任何健康上的效果。

回到迷思核心的少許事實：塑膠中含有的少量重金屬，如鉛和雙酚 A，的確跑到汗液中，因為它們比親脂性的汙染物容易溶於水。但同樣地，流汗可以排出的量相對很少。當一個人因高劑量的重金屬中毒時，更有效的是螯合療法（chelation therapy），利用藥物和體內重金屬結合，再由肝臟和腎臟濾出。而因為雙酚 A 從尿液中排出的量比汗多得多，你在廁所排出這種化學物質的機會比在桑拿裡大得多。

這也不表示你需要拚命喝水。根據美國國家環境健康科學研究院（National Institute of Environmental Health Sciences）非常務實的研究者的研究，要降低你接觸到雙酚 A 最好的方法，是避免用含有雙酚 A 的容器盛裝食物和飲料。

同樣地，如果你擔心食物中有殺蟲劑和其他汙染物，最好先加以避免，而不是試圖在事後流汗排掉。如果要幫助你濾出自己攝入的任何東西，可以做的事情是保持腎臟健康，方法是減少或避免吸煙、高血壓，以及不要吃太多非類固醇消炎止痛藥，如伊布洛芬（ibuprofen）。脫水也對腎臟不好，所以諷刺的是，大量流汗但水喝不夠的話，反而會傷害身體自我清理的能力。雖然我們大多貪圖快速有效，但無聊的老式健康生活方式＊依舊是最好的。

話說回來，流汗排毒產業的成長一點都沒有停下的跡象。目前的最新趨勢是遠紅外線桑拿，產生熱的方法是光而不是電加熱器或蒸汽。使用桑拿已經被認為與較佳的心血管健康有相關性＊＊，

....

＊　想避免食物和家用產品中的殺蟲劑和其他有毒物質，常識也同樣管用。你可以查詢有科學根據的資源，如美國疾病管制與預防中心（CDC），而不是想賣你東西的網站和公司。非營利的「環境工作小組」（Environmental Working Group）也提供有用的消費者資訊。

＊＊　注意「相關性」一詞。2015 年一項發表於《美國醫學會期刊》（Journal of the American Medical Association）的研究指出，在芬蘭，這個據說桑拿和電視機一樣

這或許是因為我們覺得熱時，心跳會比較快，就像中度運動一樣。但如果你看到有人說遠紅外線桑拿有特殊的排毒效果，請三思：並沒有任何可信的科學證據顯示桑拿、遠紅外線等具有排毒效果。

排汗療法如果做過頭，也可能產生危險。首先，美國運動醫學學會（American College of Sports Medicine）指出，多數人每次待在桑拿室的時間不應超過 10 分鐘。和多數事物一樣，少量有益時，不表示愈多愈好。2011 年，亞利桑那州一位勵志自助導師因三起過失殺人案而定罪，原因是在一場長達兩小時的汗舍（sweat-lodge）儀式中，有三人死亡。同一年，一名 35 歲的魁北克女性在一次排毒 spa 療程中死亡，此療程把人塗滿泥巴，用塑膠裹起來，頭上罩一個紙箱，然後躺在層層毯子底下九小時，不停流汗。療程結束後數小時，她因為極度過熱而死。

「人老是想用簡單方法來解決複雜的問題，」施瓦茲說。「希望是非常珍貴的，但有些人利用希望，把瘋癲的東西販賣給脆弱的人。」的確，健康產業太過龐大，因此要釐清宣稱可以為你排毒、雕塑體態、或讓你皮膚充滿光澤的飲食、藥丸和運動養生法，變得幾乎不可能。誰不想找到那「不可思議的祕訣」來減重、避免掉髮？誰能抗拒保證一定成功的誘惑？

真是太可惜了，居然沒有一種「不可思議的祕訣」可以一口氣排掉環境汙染物。但你還是可以享受上健身房流汗，但是為了運動，不是為了排毒。接在你後面使用跑步機的那個人或許不喜歡你的汗，但你的心臟會感謝你。

多的國度，較常使用桑拿的男性死於心臟病的機會也比較小。但作者也明白陳述：「要確認使用桑拿和心血管健康關聯的潛在機制，還需要更多研究。」

第六部

神祕的

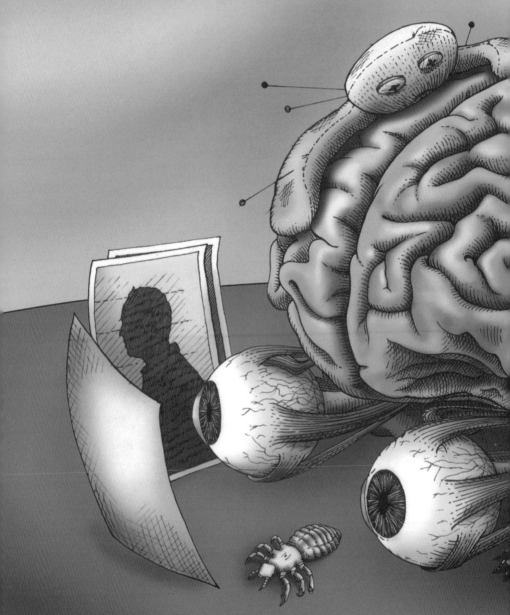

心智

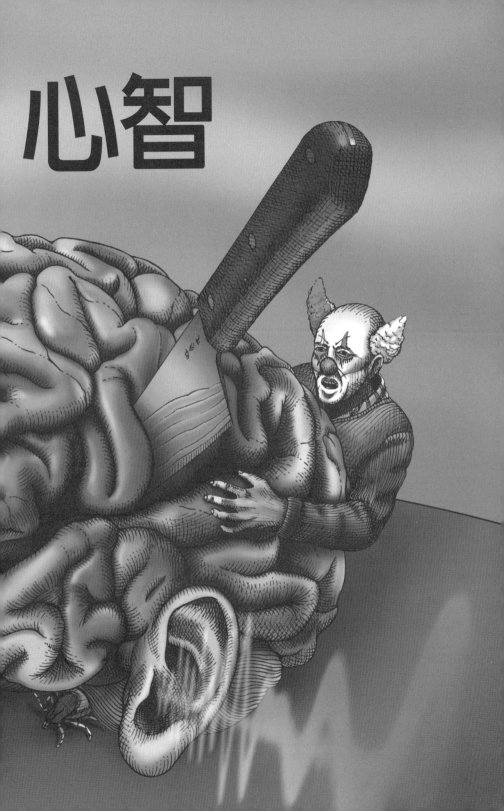

腦中的程式錯誤

為什麼我們的心智會愚弄我們

一個熱氣蒸騰的 7 月天，在美國喬治亞州的雅典市，昆蟲學家南西‧欣克爾（Nancy Hinkle）對我展示她的「隱形昆蟲」收藏。這些收藏令人印象深刻：一張長桌上擺滿了郵局紙箱、海報筒，還有一個大型銀色手提箱，格外引人注意。這些箱子裡存放著許多樣本，蒐集者是自認遭到昆蟲或其他微小生物感染的人。

這些寄送過來的箱子裡，有的裝著黏補器、有的裝著膠帶，都曾用來捕捉這類生物，或由蒐集者貼在自己皮膚上感到有蟲子的地方。甚至有人寄來吸塵器袋子的內容物，真要挑揀起來的話會是一場惡夢。他們之所以蒐集這些樣本，是希望欣克爾可告訴他們，自己到底被什麼「蟲」侵襲，還有如何擺脫牠們。

問題是，這些樣本裡沒有任何生物。寄送這些樣本的，是受到「艾氏症候群」（Ekbom syndrome）所苦的人。這種病又稱為「寄生蟲妄想症」（delusional parasitosis）或「感染妄想」（delusions of infestation），患者堅定不移地相信自己身上有微小生物入侵，但實際上完全沒這回事。有這種症狀的人常感覺到皮膚上有騷動，他們認為那是因為有蟲子走過或跳過，甚至潛入皮膚底下。就算實際上根本看不到蟲子，他們依舊不可動搖，因為他們堅信那些生物是小到看不見的。

我掀開那個銀色手提箱的蓋子，裡面裝滿了透明塑膠袋，有些看來完全是空的。每個袋子都貼著便利貼，記錄這位男士採到

小蟲的身體部位或家中地點，例如「頭頂」或「床墊頭」。然後我注意到一個標示著「陰莖洞口」的空藥罐。我拿給欣克爾看，她波瀾不驚。她經常收到類似的東西，有的甚至更糟。「我還收過一袋嘔吐物，實驗室的伙伴叫我一定要丟掉，」她說。

這讓欣克爾和她的一些同事陷於兩難——而且不只是因為人寄來的樣本十分私密。昆蟲學家專精於昆蟲，不是心理學，但因為這種特殊症狀與昆蟲有關，他們常處於必須告訴對方蟲子並不存在的尷尬處境。不用說，沒有人想聽到自己被感染的痛苦經歷只存在於自己幻想中。

畢竟，我們都自認腦袋清明。如果無法再信任自己的腦子，是多麼令人不安的一件事？妄想有時意味著影響範圍更大的病症，如思覺失調症，但寄生蟲妄想本身是一種奇怪的症狀。這種特殊的錯誤認知通常單獨發生，患者沒有思覺失調也沒有其他嚴重的心智疾病，但卻也不會去懷疑這些蟲子可能是自己想像的產物。對我而言，這些人竭盡心力蒐集的隱形昆蟲，最令人難安的地方，是同樣的事情也有可能發生在我身上，或我所愛的人身上。

人腦以神祕的方式運作，這句老生常談中顯然有某種道理。我們將在接下來的段落中探索幾種神祕的運作，如寄生蟲妄想、巫毒娃娃的心理學，或小丑為何如此令人毛骨悚然。寫了關於心智的文章後，對我來說有件事變得格外鮮明：在我們自己沒有意識到的地方，還有更多事情在腦袋裡進行。我們自以為是能夠掌控自己行為的理性生物，但腦中有許多事情和這種自我認知相抵觸。

畢竟，妄想只是心智玩弄我們的把戲之一，每天從早到晚，腦總是在偷吃步，而這可能讓我們誤入歧途。一個經典的例子：如果對某個主題可以輕易找到例證時，我們就會下意識地相信這

個主題很普遍。心理學家稱之為「易得性捷思法」（availability heuristic）。這是為什麼稀有但容易上新聞的事件往往被大眾高估，例如鯊魚死人。死於便祕 * 的人其實比死於鯊魚攻擊的人多——但因為便祕致死不會上新聞，也就被認為沒那麼容易發生。同樣地，人們認為恐怖小丑會帶來威脅的感覺，也因為易得性捷思法而在 2016 年攀升，我們會在稍後的段落詳談。

有時，我們甚至感覺得到自己被自己的腦袋背叛。例如創造子虛烏有的記憶且深信不疑，這種情況常見到令人害怕的程度。研究者已經一再示範這種現象的存在，不過這裡舉一個簡單的例子：2010 年，德國心理學家要人觀看一些別人進行簡單任務的影片，像是搖晃瓶子或打開門鎖。兩週後，有許多觀看者記得自己做過那些事。我們的腦似乎設身處地得過分，把別人的經驗當成了自己的經驗。

更讓人不安的是，「相同的」錯誤記憶還可以由許多人共同擁有。在一個被稱為「曼德拉效應」（Mandela Effect）的例子中，很多人記得南非前總統納爾遜‧曼德拉（Nelson Mandela）在 1980 年代死於獄中，但他實際上一直活到 2013 年。而我也和很多人一樣，記得 1990 年代早期有一部由喜劇演員辛巴達（Sinbad）飾演精靈的喜劇片 Shazaam ——但這部電影其實從來不曾存在過。我甚至可以在腦中描繪辛巴達在電影海報中戴著精靈頭巾、雙臂交叉在胸前站立的樣子。最有可能的是，我們其實是以相同的錯誤方式記得另一部電影：1996 年的《精靈也瘋狂》（*Kazaam*），而飾演精靈的是 NBA 籃球明星俠客‧歐尼爾（Shaquille O'Neal）。

....

* 跟據美國疾病管制與預防中心 2008 年到 2017 年間的數據，美國平均每年有 157 人死於便祕。至於鯊魚攻擊致死的案例，根據國際鯊魚襲擊檔案（International Shark Attack File）的數據，全球平均為每年六人。

　　談到妄想，錯誤的想法也可能是從某個非常真實的感覺開始的，例如令人受不了的癢。當事人為了找到解釋，可能想起曾在貓身上看過跳蚤，然後「轟！」，被蟲侵襲的想法就誕生了。腦很擅長於找出預期的證據，這是一種稱為「確認偏誤」（confirmation bias）的現象。我們的心智會自行填補經驗和記憶之間的空缺，因為這是我們搞懂世界的方法。但這也意味著：如果一個人認為自己被蟲子感染了，他通常都找得到證據，然後就會開始相信起某種並不存在的東西。

　　但是，心智最大的詭計，就是讓我們誤信自己握有主控權。暫且不管自由意志是否存在的問題（只要知道有些神經科學家堅持沒有這種東西就行了），有很多發生在我們腦中的事情，是由不得我們選擇的。心理病態者並沒有要在腦中不同部位產生不正常連結，也沒有人選擇在沒有蟲時感覺有蟲存在。同樣地，我們也無法控制自己所有能力：正如我們會在稍後的一個故事中看到，有些人與生俱來擁有高超的人臉辨識能力，而有些人在人群中就是找不出老朋友的臉孔。

　　如果我們能從腦和人類心理的關聯學到一件事，那就是：在某些方面不太正常，是非常正常的。多數人通常至少有一項（或兩三項）不理性的恐懼（對我來說，是鱷魚和被公車撞）。而我們也都有其他精神怪癖。我的一項怪毛病，是會對某些特定聲音會升產生一股沒來由的厭惡，這稱為「恐聲症」（misophonia），目前科學家剛開始研究。對有這種症狀的人來說，某些聲音——例如咀嚼或反覆踢踏聲——會激起類似「戰或逃」的反應，產生極度焦慮甚至憤怒的感覺。當我發現我的感覺有個名字，而且我不是唯一一人時，我終於開始能夠和人談論這件事。能談論自己最黑暗的想法而不被汙衊，就是了解它們重要的第一步。

　　無庸置疑，了解我們自己的心智本身就是一項挑戰。例如我們會在後面的章節認識神經科學家詹姆斯・法龍（James Fallon），他在研究心理病態者的腦時，發現自己的腦部掃描也出現同樣的異常之處。他回顧自己的過往，才察覺自己也具有某些心理病態的人格特質。如果神經科學家也會察覺不出自己是心理病態，醫生和生物學家也會相信某處存在著並不存在的昆蟲（確實有這種例子沒錯），那麼也許我們都不該假設自己真的了解自己的心智。

　　這可能讓人有些不安。但同樣地，不用害怕我們奇怪的腦，那只是人類正要探索的另一個新疆界。或許接下來的故事會在某些地方引起你的共鳴，或至少觸動你的好奇心——繼而促使我們繼續探索自己腦中究竟進行著什麼事。

隱形蟲

妄想的運作方式

恐怖的夢魘始於 2018 年夏天：後院雞舍裡的雞長了蟎。

麗莎（化名）幫她的雞施用了殺蟲劑，並看到有些胡椒粉大小的蟎落在自己身上。幾週後，當她開始皮膚發癢、產生某種東西在體表爬行的感覺時，她很合理地想到那些蟎。然後，「一切條件都湊齊了，」麗莎說。網路上有一大堆敘述者相信自己（以及身邊所有東西）遭蟲感染的恐怖故事。她試過乳液和藥膏，但都沒辦法擺脫那種感覺。

麗莎和她先生已經安排了一趟歐洲健行之旅。但他們來到歐洲後，那種感覺卻愈來愈嚴重。她認為蟎可能跑進了自己及肩的長髮裡，因此動手把頭髮削短。她的賀爾蒙補充療法的皮膚貼片一直掉下來，所以就乾脆不用了。更慘的狀況繼續發生。「我半夜醒來，對我先生尖叫說『牠們正活生生地把我吃掉』，」麗莎回憶。「我失眠，也幾乎無法吃飯。」當他們打包行李準備前往健行地時，麗莎的先生說：不行，放棄吧。他們回到愛達荷的家。這時，麗莎就展開了她所謂的「房屋整頓計畫」。

「我簡直把房子整個拆開了，」她說。麗莎跟據網路上看到的除蟎步驟，把所有窗簾拆掉。她拿掉床單，把床墊用塑膠膜包起來，只穿剛洗好且熨燙過的衣服，多數衣服都送去垃圾場，還有桌巾、地墊也是，凡是表面有絨毛的東西（以及一些表面沒有絨毛的東西）都被她丟掉。她用精油和醋噴滿全家，每天吸塵至

少三次。但這仍然沒有緩解她的慘況。

麗莎已經忍痛殺死她心愛的寵物雞。她找來除蟲公司，但他們在房子裡找不到蟎。醫生說她所有檢驗結果都正常。即使如此，她還是覺得皮膚癢。最後，在絕望之下，麗莎搬了出去，留下丈夫獨自住在屋裡。

「到了那時候，我已經有了自殺的念頭，」她告訴我。她完全與人隔離，害怕去上班、與親朋好友見面。她怕自己把蟎傳染給別人。後來，她姊姊給了她一個專家的名字，認為或許這個人能夠幫忙。

結果，蓋兒‧李奇（Gale Ridge）確實幫得上她，雖然不是用麗莎預期的方法。李奇是個昆蟲學家，任職於美國康乃狄格州農業實驗站（Connecticut Agricultural Experiment Station），專精於床蝨的研究。但她同時也是少數熟悉「寄生蟲妄想症」的人。苦於這種症狀的人堅持相信自己被蟲子感染，就算實際上找不到這種蟲子的蹤影。

昆蟲學家會告訴經歷這種妄想的人，真正會寄生在人類身上的節肢動物只有兩種：蝨子，以及一種會導致疥癬的疥蟎（Sarcoptes scabiei）。兩種問題都很容易診斷。蝨子肉眼可見，疥蟎雖然無法直接看見，但會有泛紅丘疹的典型症狀，而醫生在顯微鏡下就可以看到蟎。另外，我們的毛孔裡住著非常微小的蠕形蟎（Demodex），有些人可能認為這是一種感染，但大體來說牠們普遍存在於每個人身上，就像我們腸道中的細菌一樣。其他惡名昭彰的「蟲子」，如雞恙蟲、床蝨（臭蟲）或跳蚤，並不會寄居在人類身上，牠們咬過人之後就會離開。

對於每個個案，李奇都會先仔細檢查是否真有昆蟲或蟎的存在。如果找不到任何蟲子，她必須謹慎進行下一步。許多來找她的人都非常堅信自己受到某種感染，也已經因為被醫生否定而飽

受挫折，而他們當然也沒有興趣被轉到精神科。隨著時間過去，他們的生活開始以相信自己遭到感染為核心，而向他人證明有感染就變成了無比重要的一件事。

李奇就遇過一個這樣的例子。幾年前，住在麻州的凱莉（化名）有個叔叔開始告訴家人一件恐怖的事：他認為有蟲子住在自己體內，這種蟲子有硬殼，如果他去擠壓，殼會碎裂。他可以感覺這些蟲在自己體內移動，尤其是在鼻子和私處。一開始，他的家人溫和地告訴他這是不可能的，但他反而更努力說服家人。

為了採集「樣本」作為證據，凱莉的叔叔會用鑷子挖自己鼻孔，取出一點組織和軟骨，後來導致鼻中隔穿了個洞，因此他呼吸時也會發出咻咻的哨音。經過無數次檢驗、完全找不到蟲子後，醫生似乎放棄了。「所有這些醫生，不但沒有幫上他，坦白說還揶揄他，」凱莉說：「他只能垂頭喪氣離開醫院，非常沮喪。」

有一個醫生開給他一種藥，是給有妄想的病人吃的，但他拒絕了。凱莉說：「他說他不需要抗精神病藥。他只需要樣本來證明大家都錯了。」

最後，凱莉帶她叔叔去見蓋兒·李奇。李奇檢查了他的樣本，並親自見了他家人，宣布了這位叔叔不願接受的消息：這些樣本中沒有昆蟲或其他任何生物。他沮喪又憤怒地離去。

多年來，昆蟲學家一再指出這類妄想並不像精神科醫生和一般大眾以為的那麼罕見。2018 年梅約醫院（Mayo Clinic）的一項研究顯示昆蟲學家是對的：根據針對這種症狀在人口中盛行率的首次調查，發現每年每 10 萬名美國人中，約有 27 人有寄生蟲妄想。這表示此時此刻，美國約有 8 萬 9000 人正苦於這種症狀——而這還是保守的估計，因為只計算到實際求醫的人數。

與此同時，網路很可能讓這些人的苦難更加膨脹。相信自己

被蟲感染的人建立網站和部落格，認為自己和其他有同樣狀況的人同病相憐，但這同時也把相信者和不相信的朋友和家人隔離開來。這類網站中，也有許多會散布虛假訊息、推動陰謀論、加強妄想，並試圖販賣虛假的解決方法給讀者。

但即使這整件事看起來很詭異，倒也不難想像為什麼會有人這麼願意相信自己被看不見的蟲子寄生。通常，確實是有某種因素導致人皮膚搔癢，讓他們相信自己受到了感染。過敏、營養、壓力、神經症狀或對一般藥物的反應，都有可能是根本原因。

只是，一開始因為皮膚或神經症狀造成的騷癢，到後來卻變成一種執念，而且常與昆蟲連在一起。李奇說，這或許是因為多數人本來就有點怕蟲。「所以當人認為自己被咬時，自然會認定罪魁禍首是蟲子。這幾乎是一種本能。」

喬治亞大學（University of Georgia）的昆蟲學家南西·欣克爾說：一旦認定自己遭受感染，這些人的故事通常就會以類似的模式發展。其中一個常見的發展是這些人會使用「絕望」一詞。她說：「他們打電話來，說：欣克爾博士，救救我，我已經絕望了。」很多昆蟲學家已經知道接下來會發生什麼事，並說自己無能為力。而少數人，像辛克爾和李奇，則經常接受這樣的案例。

如果昆蟲學家無法找到任何昆蟲或寄生蟲，也沒有任何其他造成這個人症狀的具體原因，那麼任何醫生，包括家庭醫生，都可以開處治療妄想的藥物。不過李奇也指出，過了大約六個月後，要動搖這些人、讓他們接受妄想藥物治療，通常會變得更難。另一個挑戰是，這類藥物屬於抗精神疾病藥物，而「抗精神疾病」這個詞對這些人而言是一個非常大的障礙。

皮膚科醫生馬克·戴維斯（Mark Davis）是 2018 年梅約醫院關於寄生蟲妄想研究的其中一位作者。他說：「很多病患不會服

這種藥。他們會說：你的意思是我瘋了。但我沒瘋。」在那項研究之前，戴維斯和同事曾在七年之間於梅約醫院遇到 147 宗寄生蟲妄想症案例，他還不知道有任何人成功克服妄想的。他說，來到梅約醫院的人通常期望能診斷出某種新型感染，但只能失望而返，然後就再也沒回來醫院過。

加州大學舊金山分校的另一位皮膚科醫生約翰・顧（John Koo）則採取不同做法。同時擁有精神病學訓練的他並不試圖說服病患相信自己沒有感染，他說那不會成功。相反地，他給予同情。他在 2018 年一次影片訪問中告訴《臨床精神病學新聞》（*Clinical Psychiatry News*）：「你不能同意他們的想法，但你絕對可以同情他們承受的痛苦。」顧說，一旦病患對自己的醫生覺得放心，就會比較願意嘗試低劑量的抗精神疾病藥如 pimozide，就當作是個試驗。而就算他們寧願相信這種藥成功殺死了蟲子，而不是對他們的腦產生作用，也沒關係。

身為昆蟲學家，欣克爾和李奇覺得自己無法配合演出有昆蟲存在的想法。兩人都對病患抱有高度同情，但這又讓自己產生情緒負擔。「有時我沒法把那情境關掉，」欣克爾說。「我會因此睡不著覺。」她會躺在床上回想當天與她談過話的女士，想著她可能正把自己浸泡在消毒藥水中。

對麗莎而言，打電話給蓋兒・李奇，幫助她扭轉了情勢。兩人通電話時，李奇為她解釋雞恙蟲的生物學，並告訴她所有可能造成她皮膚搔癢的原因。她向麗莎保證那些蟎絕對沒有感染她的皮膚，但她也沒瘋，她只是必須找出搔癢的根本原因。麗莎說：「不知怎麼地，我覺得自己開始相信她。我覺得李奇醫生拯救了我的人生，真的。」

事實上，麗莎在覺得自己被感染的差不多同時停止使用荷爾

蒙皮膚貼片，那就是一個警訊。她回去找某位自己信任的醫生，是個像李奇建議的「能跳出框框思考」的內科醫生。他們開始密集處理麗莎的問題。

這位醫生告訴麗莎，她經歷的賀爾蒙擺盪有可能造成「蟻行感」（formication），也就是一種皮膚表面搔癢、好像有昆蟲爬過的感覺。他要她恢復使用賀爾蒙貼片，然後連續一週每天電話聯絡或見面，觀察她的感覺。每一天，他要麗莎做一件恢復正常生活的小事：不再燙衣服，或丟掉她用來反覆清洗自己的產品。她開始正常用餐，並外出散步。

一點一點地，被蟲子感染的想法逐漸淡化了。最後，麗莎搬回家，終於能夠睡在自己的床上——雖然使用了新的床墊和床具。然後她去找治療師，開始進行認知行為治療。我與她談話時，是雞舍事件爆發後八個月，她說她自覺痊癒了97%。她還不覺得自己有能力去雞舍，也不確定自己這輩子是否會再養雞。但那種皮膚上搔癢的蟻行感真的在她重新使用賀爾蒙後消失，而且她對於自己的生活再度回歸正軌感到鬆了口氣。麗莎說：「這多虧很多人的幫忙。」而李奇是很重要的一部分。

至於凱莉和她的叔叔，李奇也是他們最後的希望——以及他們轉捩點的一部分。家人了解了事情的真相後，終於能在下一次凱莉的叔叔去醫院時站穩陣腳，並說動他嘗試暫時的精神病治療。他接受了所需藥物，情況開始有所起色。凱莉告訴李奇，他回家後，有位護士負責每天拜訪，並確認他每天正確服藥。

凱莉說，叔叔是否能夠完全痊癒，需要時間驗證，但她感謝上帝和李奇給了他這個機會。而她，像麗莎一樣，希望自己的故事能夠幫助別人，在看不見的蟲全面獲勝之前，了解自己身上或身邊的人發生的事。

巫毒娃娃之謎

為什麼拿針猛刺的感覺會這麼爽

當布萊德・布希曼（Brad Bushman）發下巫毒娃娃，並要大家想像這就是自己的配偶時，他預期接下來會有很多根針刺到娃娃上。身為一名社會心理學家，布希曼知道人們對最親近的人也會表現得最有攻擊性。不過任何已婚人士應該也能預測出差不多的事。

自願參加布希曼 2014 年一項研究的伴侶有 107 對，每個人都拿到一個娃娃和 51 根針。他們得到的指示是，每天晚上要根據自己對配偶的生氣程度，拿針來刺這個娃娃。（非常生氣的先生太太們把 51 根針全部用光。）夫妻必須一起參與這項研究，每個人可獲得 50 美元的報酬——但我敢打賭，光是為了得到那個娃娃，多數人就會自願參加了。

畢竟，戳刺巫毒娃娃有種奇妙的滿足感——甚至能獲得情緒宣洩。你能嚐到一點復仇的滋味，而且比真的拿一根圖釘刺你老公的腿要安全得多。而且這種做法不只對夫妻關係有用。事實上，2018 年一項針對辦公室員工的研究發現，戳刺一尊代表惡劣上司的巫毒娃娃，能提升工作場域的氣氛。研究者在《領導季刊》（*Leadership Quarterly*）上寫著：「報復加害者能修復公平正義的感覺，並由此確認了人對於惡有惡報的感知。」

不過，也如同你我都體驗過的，對於惱人的老闆或配偶到底應受多少懲罰，我們的感覺並不固定。某一天，你或許可以忽略

老婆再次偷拿電視遙控器，但另一天，同樣的事卻可能讓你氣到爆炸。布希曼和他的研究團隊想了解，有哪些因子會讓配偶暴怒。

研究團隊假設，人在肚子餓時，想戳刺娃娃的程度也會比較高──或許是因為腦要控制行為時，需要能量。他們在實驗中也的確發現，參與者在血糖低時會用上很多根針。布希曼的團隊在《美國國家科學院學報》的文章中寫道：「攻擊衝動的自我控制需要能量，而這能量相當仰賴食物中產生的葡萄糖來提供。」血糖低時究竟會導致哪些特定腦部功能喪失，還有待更深入的研究，但這種感覺對許多人都很熟悉，還稱之為「餓怒」（hangry，是hungry 和 angry 兩字的結合，即又餓又怒之意）。

比較餓時脾氣也比較不好，雖然看似自然，但要測量飢餓如何轉譯為攻擊性，則很難只憑詢問他人的主觀感覺來決定。攻擊性是意圖在生理或心理上傷害他人的行為，而正如醫生一直找不到測量病患疼痛程度的好方法，心理學家也一直很難決定如何測量攻擊性。（你不能只測量外顯的暴力行為，因為謝天謝地，我們不會把大部分的攻擊衝動直接表現出來。）所以，究竟該如何定義攻擊性的程度，而且可以重複、做跨群體的比較、不管任何時間和地點都適用？

心理學家喜歡為他們在實驗裡交付人們的各種任務取名字，而布希曼使用巫毒娃娃來研究的攻擊性測驗，被稱為「巫毒娃娃任務」（Voodoo Doll Task）。結果顯示，這是研究攻擊性的好工具。參與者得到一個娃娃，代表某特定人物，例如某個認識的人，或某個曾以某種方式激怒自己的人。這個娃娃可以是實體也可以是電腦虛擬的，而無論何種情況，參加實驗的人都被告知，他們可以盡情使用實際的或虛擬的針。

我嘗試了布希曼團隊使用的一個虛擬巫毒娃娃版本，它位在

「Dumb.com」網站上。一開始我半信半疑：只是點一個螢幕上的娃娃圖片，真的會令人滿足嗎？當我打開網頁時，出現了一尊用白色繩子做出來的、看起來很寫實的娃娃，並以橘色繩子繞在身上，看似穿著條紋衫。有個地方可以輸入娃娃的名字，我打入的是某個曾經冤枉我的人的名字（不關你的事）。當這個名字出現在娃娃胸口時，我承認自己開始想要刺它。

我用電腦的觸控軌跡板拾起一根虛擬針，在娃娃上方徘徊了一陣，享受一會兒決定要刺哪裡的權力。我按了一下娃娃的腳，然後這根針就刺進去了。娃娃的眼睛泛了一下淚光，然後原本的笑容變成皺眉。哇，我沒預期娃娃會有反應。除了針以外，這個程式還提供一根點燃的蠟燭和一把鉗子。我把蠟燭移到娃娃的手臂，娃娃畏縮地扭動了一下，彷彿感到痛苦。現在它的眉毛彎曲成憂慮的表情，而我幾乎無法去嘗試那把鉗子。但我終究是拿起了鉗子，並點選了娃娃的肚子。出現了一個小小的黑色疤痕，只要我沒放手，娃娃就一直痛苦地扭動。此時，事情看起來有點真實得過分，而我不只覺得荒唐，也因為傷害這個娃娃而覺得有點羞愧。但當然，整件事的重點是，我們的心智很容易把娃娃和它代表的那個人連結起來。

在巫毒娃娃任務之前，研究者曾發明過各式各樣的攻擊性行為，讓參與者在實驗室設計的情境中實行。其中一項稱為「辣椒醬範例」（Hot Sauce Paradigm）。參與者可以隨意把辣椒醬擠在一份食物上，並被告知這份食物會提供給無法吃辣的人，而對方必須把整份食物吃完。擠愈多辣椒醬的人被認為攻擊性愈高。

這項測試的效果相當不錯，研究者用它來研究各種社會心理學問題，例如，對拒絕特別敏感的人，是否在遭到拒絕時表現得比較有攻擊性（是的）。但今日，和許多以前用過的方法一樣，「辣

椒醬範例」多少是被放棄不用了。這種詭計要能奏效，參與者彼此之間的認識不能太多，例如曾有過的例子是參與者知道接受辣椒醬食物的對方其實喜歡吃辣。再者，現在有許多心理學研究使用網路問卷，即使透過雲端運算，也沒辦法透過網路來傳送辣椒醬。

但巫毒娃娃就不同了。你不僅可以在自己家裡的私人空間狂刺，而且就像我體驗過的，透過電腦螢幕就可以操作。你也不用在實際空間中接近你的攻擊對象。事實上，有距離更好。在「餓怒」夫妻研究中，參與者被指示不要在彼此面前戳刺娃娃，否則你可以想像，可憐的娃娃只會遭到層層升級的報復。

巫毒娃娃要能用來測試情緒，我們必須在某種意義下把它們當作活的。結果顯示，人真的有這種傾向。這把我們帶回更久以前的一個心理學概念：魔術思維（magical thinking）。1986 年，保羅・羅津（Paul Rozin）（你可能記得，他也出現在厭惡感的討論中）和同事在一份影響深遠的論文中表示，現代美國人和 1900 年代初記錄的傳統文化，同樣遵從兩項「移情魔術定律」。簡單說，移情魔術（sympathetic magic）是指：代表某個人或事物的東西受到影響時，那個人或事物也會受到影響。這是為什麼焚燒某人的肖像會是那麼強烈的情緒聲明，因為某種程度上，我們覺得自己正在傷害肖像代表的人。

移情魔術的其中一條定律是「傳染律」，也就特性在物品間的移轉。這是為什麼名人擁有過的東西可以在拍賣網站上賣出高價：「金・卡戴珊（Kim Kardashian）穿過這件胸罩！」的想法就可以讓那件胸罩變得更值錢。就如在某些地區，如果食物被月經期間的女性觸摸過，會被認為不乾淨。

　　移情魔術的另一條定律是「相似律」：某事物的形象等於事物本身。這使得大便形狀的巧克力賣得不好，而即使不相信超自然力量，巫毒娃娃也可帶來滿足感。我們的腦傾向把象徵當作本尊，而這正是我們把巫毒娃娃連結到它所代表之人的理由。

　　在實驗中，這種魔術思維確實在真實生活中表現了出來。2013年，有一個由心理學家和社會學家組成的研究團隊在《攻擊行為》（*Aggressive Behavior*）期刊發表了一項研究，指出人會在心理上把巫毒娃娃代表的那個人的特質轉移到娃娃身上，因此「藉由針刺巫毒娃娃來造成傷害，與實際傷害娃娃所代表的那個人，有重要的心理相似性。」

　　所以，戳刺娃娃是攻擊性的絕佳測量工具，正是因為在我們爬蟲類般原始的腦袋深處，我們覺得自己正在戳刺先生、太太、上司、朋友、鄰居……等。

　　這些戳刺最終具有正面意義。正如巫毒娃娃任務的支持者主張，這些娃娃能幫助研究者了解人們為何在某些時候產生攻擊性，也因此有可能讓我們了解降低攻擊性的方法。例如，科學家已經發現，除了飢餓，缺乏睡眠也可引發已婚伴侶間的攻擊性。他們也測試過許多不同的社會情況，從教室、辦公室到臥室，發現被拒絕的痛苦會使攻擊性升高，也增加報復的欲望。

　　即使你不認為自己是「具攻擊性的人」，也很可能在上述各種情況中產生情緒。事實上，心理學家說，攻擊性是行為科學中備受誤解的概念。俄亥俄州立布林格陵大學（Bowling Green State University）神經科學家羅伯特・布倫南（Robert Brennan）和艾茉莉大學（Emory University）心理學家派翠西亞・布倫南（Patricia Brennan）在他們2011年有關攻擊性的書中寫道：「一般大眾常視之為一種異常行為。」然而攻擊性無所不在，某種程度上甚至是

必要的，而且不只是人類，也遍布整個動物界。完全缺乏攻擊性的生物無法自我保護，也無法爭奪資源。

對心理學家和神經科學來說，問題並不在於我們是否具有攻擊能力，而是我們如何在多數時間不讓它爆發出來。無法控制的攻擊性是適得其反的。能夠良好調節的攻擊性可以適時釋放，有助我們生存，是身為社會生物的我們演化的關鍵。

所以如果有科學家給你一個巫毒娃娃，刺戳時不用覺得愧疚。畢竟，適量的攻擊性完全是自然的。

小丑走開！

小丑是真的很恐怖

2016 年夏天，小丑開始在美國各地蔓延，徘徊林間，嚇壞一般民眾。在南卡羅來納州，幾個小孩說有一群小丑試圖把他們引誘到樹林裡。在佛羅里達，兩名小丑揮舞著斧頭和球棒追趕民眾，造成混亂。恐怖的「目擊小丑」變成迷因（meme），取代幽浮，填充了大眾想像的黑暗縫隙。

很快地，小丑出沒的警訊開始在英格蘭、澳洲、加拿大和蘇格蘭出現。不管理由是青少年惡作劇、電影宣傳策略、純粹的幻想、還是真正想要傷害他人的壞人，小丑一致讓人想用一個詞來形容：「恐怖」。

但到底什麼是恐怖？這和嚇人或噁心不完全相同，雖然確實含有威脅或潛在危險的成分。法蘭克・麥克安德魯（Frank McAndrew）說：「一名搶劫犯拿著槍指著你的頭，叫你拿錢出來，絕對充滿威脅且令人驚恐，但多數人可能不會用『恐怖』一詞來形容這個狀況。」麥克安德魯是社會心理學家，在 2016 年發表了這個主題的第一份大規模研究。他解釋，恐怖感是由難以捉摸的情況導致的焦慮感，也就是說，在那種情況中，我們不確定事情到底是不是危險或具有威脅性的。

而當我們不知道威脅有多明確時，潛意識便會送出警訊。事情不大對勁，或許有危險，所以我們的腦暗地裡幫事情做出連結。我們稱之為「直覺」，而直覺往往是一種自我保護的方式。

　　所以，為什麼小丑會被認為恐怖？他們本來應該是為了逗小朋友而表現得傻氣搞笑的表演藝術家，不是嗎？科學家對這種衝突做了一番思考，結果發現「目擊小丑」成了研究恐怖感本質的絕佳案例。麥克安德魯如此觀察：「小丑以各種方式把各種怪異元素結合成更恐怖的東西。」

　　他說，小丑不僅行為胡鬧、長相怪異，而且你無法辨認他們到底是誰、以及油彩笑容底下真正的感覺。這讓一些人猜測，小丑之所以恐怖，是因為符合「恐怖谷」（uncanny valley）理論描述的範疇，也就是指外型有點像人卻又不夠像人的東西，例如特別像人的機器人。「恐怖谷」概念的想法是：我們對於有點像人的機器人（例如《星際大戰》的 C-3PO 機器人）會感到同情，但對於看起來太像人的機器人卻想要退避三舍。根據這個思路，小丑之所以嚇人，是因為他們把看起來像人的界線模糊了——這可以理解，畢竟他們塗抹厚重的濃妝、有著巨大的腳和奇怪的頭髮。

　　但恐怖谷理論似乎只能局部解釋小丑之所以恐怖的原因。恐怖谷通常適用於類似人的物品，包括機器人、洋娃娃、腹語娃娃、假人、還有《北極特快車》（The Polar Express）裡長得像湯姆漢克（Tom Hanks）的電腦動畫人物＊。小丑卻很顯然是人，儘管相貌詭異，卻不是仿製人。而且別忘了小丑並非打從一開始就遭人嫌惡。如果恐怖谷可以完整解釋整個問題，我們會預期小丑和其他濃妝艷抹的演員都會引起恐怖感。然而，實際上受人喜愛的小丑也很多，包括麥當勞叔叔和波佐（Bozo，20 世紀後半在美國深

....

＊　這部 2004 年的電影使用一種稱為「動態擷取」的新技術，真人演員（在本例中是湯姆漢克）穿著全身緊身衣，上面放置許多感測器，這種技術能把演員的動作轉譯為電腦生成圖像。這種極其擬真的動畫成了恐怖谷理論的研究案例。美國有線電視新聞網（CNN）形容這部電影的呈現「說得好聽是令人不安，說得難聽是令人害怕。」

受小朋友歡迎的小丑角色）。我甚至記得，用小丑裝飾小朋友的房間曾經是完全沒問題的事。現在再試試，看你家的小朋友（還有其他大人）如何反應。

根據麥克安德魯的看法，真正讓小丑恐怖的，是他們的角色屬性在很多方面都顯得曖昧模糊。他說：「如果一個人可以透過小丑的外型和行為漠視社會規範，那麼還有什麼規則是他們不能打破的？」

作家與小丑專家班哲明‧雷德福特（Benjamin Radford）認為，小丑一直以來都是某種類型的騙子。他認為從「潘趣與茱迪」（Punch and Judy，起源於 17 世紀的英國傳統木偶戲）的時代以來，以丑角為靈感來源的潘趣就是個既愛開玩笑又會打老婆殺小孩的角色。你永遠無法預測他的下一步，這正是他的一個賣點。

這個觀點與麥克安德魯的研究相符。「只有當我們面對不確定的威脅時，才會產生那種毛骨悚然的恐怖感，」他說。「如果一個人渾身散發著怪異的氣氛但實際上無害，和他對話到一半時拔腿就跑，會被認為沒禮貌又奇怪。但另一方面，如果這個人真是個危險人物的話，忽視自己的直覺繼續和這個人對話，就變得十分危險了。這種矛盾性會令你僵在那裡，陷於不安之中。」

喜歡惡作劇的小丑經常踩在取悅和胡鬧的界線上，所以要翻轉傳統的快樂形象很簡單，我們也常在文學和電影中看到這種翻轉。1892 年的《丑角》（Pagliacci）便是殺人小丑首次登上舞台的一齣歌劇。邪惡小丑的形象在 1970 和 80 年代起飛，是因為連續殺人狂約翰‧韋恩‧蓋西（John Wayne Gacy）曾在活動與派對中扮演小丑坡格（Pogo the Clown），然後史蒂芬‧金（Stephen King）的《牠》（It）又成為全球暢銷書。今日，小丑的形象被描繪為嚇人的比例似乎超過了逗趣。

　　而這又帶我們回到「目擊恐怖小丑」事件。首先，有人開始在社群媒體和 YouTube 張貼實際目擊事件的照片和影片，然後這個現象演變、擴散，成為一系列網路迷因，包括小丑配上嚇人短句的圖像，例如「祝你好夢，我在你床底下。」而關於「如果小丑出現，我會怎麼反應」的玩笑，變成推特上數百人使用的標籤「＃如果我看見小丑」（＃IfISeeAClown）。《牠》的作者史蒂芬‧金甚至在這陣偏執達到最高潮時，上推特為小丑辯護。他的推特這樣寫：「他們大多是好人，孩子們振作點，把歡笑帶給他人。」

　　哈佛大學的電腦科學家米歇爾‧科西亞（Michele Coscia）曾研究各種想法是如何爆紅的，他認為自己或許可以解釋恐怖小丑轟動社群媒體的原因。他查看一種稱為「正準性」（canonicity）的數值，可以看出一個迷因有多不尋常。低正準性表示較不尋常，而較不尋常的想法是最可能爆紅的。針對看見恐怖小丑的例子，科西亞指出，過去已經分別有惡作劇迷因、也有以恐怖小丑為主題的迷因。一旦兩者結合：有人打扮成恐怖小丑來惡作劇，砰！一個新的低正準性想法誕生，準備爆紅。

　　此時社會心理學登場。「社群媒體煽風點火，讓我們誤以為事件廣為流傳，還讓我們認為自己應該要覺得身受威脅。」麥克安德魯說：「寧可過度小心地保護你的孩子遠離殺人小丑，也不要過度鬆懈。現在我們都有能力以強大的工具發送警告、散播謠言，而且絕不會放過這麼做的機會。」

　　根據麥克安德魯的研究，恐怖小丑再度復活在所難免。而且在可見的未來，小丑的詭異性恐怕還不會消失。科西亞進行研究時，要人評估不同職業的恐怖程度。是誰脫穎而出，勝過了標本製作者、情趣用品店老闆和殯葬業者？小丑。

對人臉過目不忘

對抗犯罪的獨特超能力

2014 年 8 月 28 日，一個名叫愛麗絲‧葛羅斯（Alice Gross）的 14 歲女孩走出位於西倫敦的家門，外出散步，從此沒有回來。對她的搜索行動，成為 2005 年追捕炸彈恐攻嫌犯以來規模最大的一場。在葛羅斯居住的伊靈（Ealing）一帶，街坊鄰居在每棵樹、每個路燈和鐵欄杆上繫滿了數千條黃絲帶，幾百名警察出動尋找她。他們僅有的線索是一段解析度很低的閉路監視器影片，顯示葛羅斯在離家數小時後沿著運河散步。在她走過之後 15 分鐘，同一部監視器錄到一名騎腳踏車的男子，以相同的方向經過。

倫敦各處散佈的閉路電視攝影機估計有 50 萬具，多數是私人擁有，監視著住家、辦公場所、商家，以及公共空間。這成為警察的重要資源，但必須要有人認識嫌犯，這影片才有用。在愛麗絲‧葛羅斯的案件中，女孩最後一次出現在運河旁後，警官追蹤這名騎腳踏車男子在一連串攝影鏡頭前出現的行蹤。他在一片樹叢附近消失了一段時間，再次出現時在一家商店買了啤酒，然後再度消失。這看起來有些可疑。但他是誰？

對於這個問題，執法者有一個優勢。2015 年，倫敦警察廳（Metropolitan Police Service）正式成立了一個「超級認臉人」團隊：裡面的男女成員皆有區分與辨識人臉的過人能力。葛羅斯在 2014 年遭綁架時，這個小組已經在試驗階段。透過他們的幫助，警方已經認出了一些有過案底的罪犯臉孔，例如在 2011 年被逮捕的投

擲炸彈暴徒史蒂芬‧普林斯（Stephen Prince）。

　　仔細研究過尾隨愛麗絲‧葛羅斯的男子的影片後，正在萌芽茁壯的超級認臉人小組認為這個人是阿尼斯‧薩坎斯（Arnis Zalkalns），一名 41 歲的工人，曾因殺妻在拉脫維亞的監獄服刑七年，並在 2009 年因為性侵一名 14 歲女孩遭警察訊問。警察搜尋薩坎斯，結果在一處樹林裡找到他上吊自殺的屍體，葛羅斯的屍體則是四天前在幾公里外的河裡找到了。根據進一步調查，包括 DNA 證據，警察和蘇格蘭場（Scotland Yard，倫敦警察廳的代稱）確信薩坎斯殺了葛羅斯，棄屍河中，然後自殺。雖然未能及時救出葛羅斯令人遺憾，但超級認臉人團隊在解決這起案件中扮演了關鍵角色。

　　署任偵查總警司（Detective Chief Superintendent）米克‧奈佛（Mick Neville）對這個團隊的能力感到敬畏，他說：「蓋里‧柯林斯（Gary Collins）能力高超到星期天吃一頓午餐就能指認三個人。」奈佛指的是其中一名組員，會在週末瀏覽裝滿嫌疑犯照片的 iPad 當作休閒活動。在倫敦 2011 年的騷亂之後，這個小組爬梳了數千小時的錄影資料，柯林斯一人就辨認出 190 名暴徒，甚是驚人。

　　這些認臉超人平時在自己所屬的各警察局工作，在腦中建立起當地犯罪者的圖像館，並經常加入蘇格蘭場協助辦案。目前為止，他們比較重大的勝利包括一名搭乘不同路線公車的連續騷擾者（他在某條公車路線上被追蹤到，然後被逮捕），一名珠寶竊盜犯，以及幾個俄羅斯間諜，他們被控在 2018 年毒殺了前英國雙面諜謝爾蓋‧斯克里帕爾（Sergei Skripal）和他的女兒。

　　倫敦的超級認臉者每年都會加入大型活動，例如歐洲最大的街頭活動諾丁丘嘉年華會（Notting Hill Carnival）。這類活動中常

有犯罪問題，所以在嘉年華會期間，這個小組會坐在閉路電視控制中心，掃視群眾，尋找有記錄的搗亂者。在 2015 年，他們看到敵對的幫派分子互相逼近。現場警官找到他們並解除武裝，避免了一場潛在的衝突。奈佛說：「對於他們可以在這麼擁擠的人潮中認出嫌犯，資深員警也感到驚訝。」

現在，私人市場也開始需要這種能力。奈佛先是成為倫敦中央鑑識影像小組（Central Forensic Image Team）的組長，帶領這個團隊測驗數以千計的警察，從中挑出超級認臉人，之後又成為「國際超級認臉人」（Super Recognisers International）的執行長，這是一個專門尋找失蹤人口及確認身分的私人調查公司。根據公司網頁，他們的客戶包括英國足球俱樂部，任務是指認「不准入場的球迷、賣黃牛票的人，以及有過記錄的搗亂者」。

澳洲新南威爾斯大學（University of New South Wales）鑑識心理學實驗室的大衛・懷特（David White）說：辨識人臉的能力有如光譜。在最低的一端，是所謂「臉盲」的人，也就是「臉孔失認症」（prosopagnosia）患者。2015 年過世的著名神經科學家奧立佛・薩克斯（Oliver Sacks）患有此症，他在《紐約客》（*New Yorker*）雜誌的文章中提到，他辨認好友艾力克的方法是看他的「濃眉和厚重眼鏡」。光譜的另一端是超級認臉人，有時候他們在多年後仍認得出當初只看過一眼的人。

由哈佛大學和倫敦大學學院（University College London）組成的科學家最早對這個現象做了研究，他們在發表於 2009 年的文章中說：「這些『超級認臉人』對於人臉的辨認和感知的能力之好，就像發育型臉孔失認症的能力之差一樣。」這個團隊檢驗了四名超級認臉人，與 25 名對照組比較人臉辨識能力。在科學家給予的

每項任務中，超級認臉人的表現都超過「一般」認臉人，而在某些測驗中甚至達到滿分。

懷特說，多數人高估這種能力。他說：「一般說到認臉，大家想到的是認出自己已經知道的人。」但憑著兩張並列的照片，要辨識陌生人的臉，實際上困難許多。

如果你想知道自己落在光譜的哪個位置，格林威治大學（University of Greenwich）的心理學家喬西・戴維斯（Josh Davis）設計了一份簡短的測試以及一項較為詳盡的測驗，可以幫助研究者測繪出有多少人落在光譜的什麼地方。*

戴維斯說，目前看來，認臉是一種天生的能力，大體上不是學習而來，像智商一樣，在人類族群中呈現鐘形曲線的分布。目前還沒鑑別出超級認臉人的能力與特定基因有關，但 2010 年一項研究發現，相對於異卵雙胞胎，同卵雙胞胎的認臉能力極為相似，初步顯示這種能力可能與遺傳有關。臉盲的情況也類似，已知屬於發育形式（非因腦部受損而產生），從出生便有，同一家族內也可能多人發生。

至於運作方式，已知臉孔失認症和「紡錘臉孔腦區」（fusiform face region）有關，這是靠近腦後方底部的區域。因此，在超級認臉人身上，這裡或許也是尋找不尋常腦部活動證據的好地方。

最急迫的科學問題之一，是我們的腦在處理人臉時，相對於其他對象，到底有什麼特別。例如奧立佛・薩克斯不只對人臉辨識有困難，對建築也是。他在文章中提到，有一次他迷路時，經過自己家門好幾次卻沒有認出來。

....

* 超級認臉人簡易測試網址：www.superrecognisers.com（有英文、西班牙文、法文、德文和葡萄牙文）。

　　不過，並非所有臉孔失認症患者都如此。也有一些實驗顯示我們的腦的確把臉當作特殊對象處理，或許因為認臉對我們身為社會生物非常重要。2017 年，賓州州立大學（Penn State University）的研究者使用功能性磁振造影（functional MRI）測量人在辨認人臉和物品時的腦部活動。他們發現，辨識人臉和辨識物品時使用的腦區不同，而擁有超級人臉辨識能力的人，在辨識人臉時用腦更多，除了紡錘臉孔腦區以外，還動用了其他區域。

　　同樣地，研究也發現，雖然我們的腦會先分別處理眼睛、鼻子和嘴巴等特徵，但認出一張臉是一個整體的過程，牽涉到分析個別特徵、放在一起、並檢驗不同部位之間的關係。有些超級認臉人似乎非常擅長這些任務，因此在許多人排排站時很容易找出某張臉，而有些人似乎在記住臉孔時也有某些特殊技巧。

　　那麼，這類超級認臉者有多普遍呢？戴維斯說這要看你把界線畫在哪裡。但目前為止的測試顯示，臉孔失認症約占人口 2%，而特別擅長辨識人臉的人，比例也差不多。

天生具有超級認臉能力的人才，該如何善用最好？倫敦警方吸引了全球執法人員的興趣，分享彼此發現的新知。新南威爾斯大學的大衛・懷特與澳洲護照辦事處合作，發展訓練護照官員的方法（他們的工作是確定眼前的陌生人和護照上的一小方照片是否為同一個人）。

　　懷特的研究團隊測試一群專門分析臉部影像的鑑識人員，以確定他們所受的訓練是否有幫助，讓他們比未受訓練的人更能辨識人臉。如果答案是肯定的，那麼這種訓練或許有助在專業上需要核對人臉的人提升技能。結果，這些專家的表現的確比未受訓練的學生好，也比不常進行人臉比對的鑑識專家好。（順帶一提，

他們在某些任務的表現也比人臉辨識電腦演算法要好，因為電腦在光線充足、角度相同的條件下，例如護照用照片，表現得不錯，但在沒那麼理想的條件下就經常失敗。）

以人臉比對為業的人，有可能是因為本身表現超越平均值，而傾向從事這類工作。但令人意外的是，人臉比對專家還有另一種能力，並不存在於「自然的」人臉辨識能力中：指認上下顛倒的臉。由於專家的訓練會強調把臉拆解為不同部分並一一比對，懷特認為，或許這顯示這類訓練幫助專家超越原本的能力，更上一層樓。

但事情也有比較模糊的地帶，就是超級認臉人的指認在法庭上的效力。在美國，法官使用一種稱為「道伯特準則」（Daubert standard）的判例，來決定某個證據是否有科學支持。因此，各種狀況的目擊者指認都需要經過審查。不過奈佛說，他的團隊所做的比對，通常只是刑事案件成立過程的起點，他們幫助警察指出值得注意的嫌犯，然後警察可透過 DNA 或傳統方法展開調查。在這些案例中，人臉指認屬於調查工具，而非犯罪行為的直接證據。

不管超級認臉人未來在執法上會如何發展，光是得知他們的存在，便為了解我們的腦如何運作開啟了一扇窗。像我們這樣高度社會化的物種，辨認他人是非常根本的技能，而至少，如果能了解自己落在光譜的何處，有助於化解某些尷尬的社交情境。例如我認識一位女士，她會告知工作伙伴自己有臉盲的問題，這樣開會時如果認不出誰是誰，大家就不會覺得被冒犯。另一方面，有一位超級認臉人在 2009 年的研究中這麼表示：「我必須假裝自己不記得〔某些人〕，不然他們會以為我跟蹤他們。或者我如果跟某人說：我記得四年前從校園的方形廣場前面走過時曾見過他一次，他應該會誤以為自己在我心中的地位比實際上重要！」

　　至於像我這樣，在總分 14 分的簡易人臉比對測驗中，分數落在沒什麼好說的 7 分之人（也就是非常普通的人），這項研究也帶來啟發。雖然我距離臉盲很遠，但我經常認不得電影演員，在不尋常的情境中也常認不出認識的人。（例如我會在街上與同辦公室的人錯身而過卻毫無知覺，因為我平常只會在辦公室見到他們。）相對地，最近我先生在咖啡店認出我們家的貓咪保姆，讓我十分佩服──我自己是絕對不可能認出她來的。我對他的能力很有信心，因此當他測驗結果也是 7 分時，令我十分震驚。現在我知道，既然我們的能力差不多，我在派對中應該自己多加用心，而不要總是仰賴他的記憶。所以，如果我沒認出你，我向你道歉：畢竟我只得了 7 分。

銀幕上的心理病態

電影中的變態狂，哪位最寫實？

有趣的事實：現實生活中，具有暴力心理病態的人，多半不是眼露凶光的連續殺人魔，也不會像誇張的電影裡面那樣，一邊殺人一邊狂笑。不過，科恩兄弟（Coen brothers）《險路勿近》（*No Country for Old Men*）裡的殺手安東・奇哥（Anton Chigurh）倒是有點接近。他靜靜地拿著高壓氣槍走過來，而當你還在說：「嘿，那是什……」就只聽到「喀鏘」一聲，然後你就死了。

根據司法精神醫學家山謬・萊斯特德（Samuel Leistedt）的看法，這個角色比較接近真實生活中具有心理病態的人，也即是對他人沒有同理心的人。萊斯特德診斷過許多心理病態的人並與採訪他們，雖然在流行文化中，我們常把心理病態者跟瘋狂殺手畫上等號，但萊斯特德對他們的形容是冷血。他指出：「他們不知道情緒是什麼。」

2014 年，萊斯特德和同事保羅・林考斯基（Paul Linkowski）發表他們花了三年時間觀看 400 部電影、尋找寫實描繪心理病態例子的成果。（這表示，以科學之名，他們不僅看了希區考克著名的《驚魂記》（*Psycho*），也看完了《嘻哈奇俠》（*Pootie Tang*）。）萊斯特德說，學會診斷心理病態並不容易。因為學生在訓練過程中能夠訪談真實案例的機會很有限，而許多人對於心理病態是什麼，一開始往往就抱著錯誤的認知。

由於流行文化中對心理病態的描繪，導致多數人以為他們是

危險的罪犯，甚至是連續殺人魔。但實際上，多數暴力犯都不是心理病態，而大多數表現出心理病態特徵的人也不是罪犯。

　　精神病學家定義心理病態時，根據的不是暴力行為，而是一整套極端的人格特質。這些特質包括表面迷人、欺騙、操縱性、衝動、誇大自我價值等。這樣的人對他人缺乏同理，不會感到愧疚或悔恨。常用的診斷標準是「海爾病態人格量表—修訂版」（Hare Psychopathy Checklist-Revised，簡稱 PCL-R），由犯罪心理學家羅伯特‧海爾（Robert Hare）所設計。總分 40 分中，得分超過 30 的人被認為具有心理病態性，海爾估計，在人口中可能占百分之一。

　　不過，在美國精神醫學的權威性指南《精神障礙診斷與統計手冊》（*Diagnostic and Statistical Manual of Mental Disorders*，簡稱 DSM）中，心理病態並沒有列入精神疾病。手冊描述了「反社會人格疾患」，與心理病態有一些相似之處，但較不以人格特質來定義，而是偏重包含違法行為在內的行為模式。（或許監獄中的受刑人有 50~80% 符合反社會人格疾患的條件，但只有 15% 符合 PCL-R 定義下的心理病態。）

　　至於心理病態的原因，長久以來一直有著生物學或環境影響的爭論，也就是「先天或後天」的問題。兩者都很重要，而有些研究者相信，心理病態的人，要不是先天（也就是腦部已有「固定迴路」），就是後天造成——通常與兒童時期處於暴力混亂的環境有關。

　　不管心理病態如何產生，神經科學家已經稍微了解到一般人和心理病態者的差別在哪裡。舉例來說，科學家發現，心理病態的人和一般人相較，腦中某些部分似乎以不同方式運作，這包括處理情緒的重要部分杏仁核。有些研究也記錄到，和同理心及自我控制有關的腦區，在心理病態的人腦中較不活躍。更進一步，

他們腦中的獎賞系統似乎過度活躍，這也讓他們傾向於尋求刺激。不過，未知之處也還很多，例如我們還不知道基因在心理病態中扮演的角色。目前為止，還沒有出現任何「造成」心理病態的特定基因或整套基因。

萊斯特德和他的研究團隊根據目前為止的了解，決定「診斷」電影中虛構的心理病態者，以建立準確的形象，同時了解一般認知錯在哪裡。他們使用 PCL-R，以及司法心理學家修格斯·埃維爾（Hugues Hervé）和精神病學家班哲明·卡普曼（Benjamin Karpman）建立的分類法，開始審查電影。他們先排除明顯不真實的角色，例如具有魔法或無人能敵的角色，這把 1915 到 2010 間原來的 400 部電影減少到 126 部。潛在的心理病態角色共包含 105 位男性和 21 位女性。*

最終，這些電影可以被當作 20 世紀初以來世人如何看待心理病態的社會史。在好萊塢早期，心理病態通常用來描繪壞人，如黑幫分子、殺人凶手，以及性格怪異、無明顯理由卻喜歡殺人的科學家。

後來，現實中的連續殺人犯開始為人所知，從 1957 年的艾德·蓋恩（Ed Gein）開始，到後來的泰德·邦迪（Ted Bundy）與傑佛瑞·達默（Jeffrey Dahmer）。隨著這類心理病態犯罪變得較為人知，電影中的心理病態也變得比較像這些人，或至少像好萊塢導演認為他們行為中比較引人注目的部分。因此我們有了性變態者，像《驚魂記》（1960）中的諾曼·貝茲（Norman Bates），以及砍殺電影（slasher）類型中大刀亂砍的殺手，例如《月光光心慌

---

* 一般認為心理病態發生在男性身上多於女性。然而近年的研究卻指出，用來診斷心理病態的行為特質，有可能是相對較典型的男性特徵。因此尚無明確的性別劃分。

慌》（*Halloween*）系列中的麥可邁爾斯（Michael Mayers）。

　　最後，萊斯特德和研究團隊在 2014 年的《鑑識科學期刊》中指出，由於大眾對心理病態的心智如何運作的興趣提高，因此帶來更細緻且有時更為真實的行為與人格描繪。至少今日的心理病態不再是臉部抽搐、咯咯發笑的殺人狂，描繪上較具深度，他們認為「為複雜的人類心理提供有說服力的一瞥」。

　　近年來，好萊塢似乎迷戀起所謂「成功的心理病態」，也就是那些善用心理病態特質來達成自己目的的角色。他們通常能夠取得他人信任，再利用那些人來獲取金錢或權力。萊斯特德注意到，這種角色開始吸引人，是緊接在金融危機爆發以及伯納德・馬多夫（Bernard Madoff）等備受矚目的案件之後發生的。（顯然，邪惡的證券經紀人是現代新惡魔。他們不對犧牲者開腸破肚，但會榨乾他們的銀行帳戶。）

　　以下根據萊斯特德的研究，介紹幾個電影中最佳與最糟的心理病態角色。

真實到令人害怕：

麥可・柯里昂（Michael Corleone），《教父續集》（*The Godfather: Part II*，1974）

　　這名黑手黨是罪犯心理病態者的經典。萊斯特德和他的同事說，他或可算是電影中最常出現的心理病態類型。年輕的柯里昂不想參與家族事業，但身為黑手黨老大，他成為冷酷無情的殺手。

診斷：續發性、大男人主義的心理病態

哥頓・蓋柯（Gordon Gekko），《華爾街》（*Wall Street*，1987）

　　蓋柯一角寫實地描繪出成功的心理病態者。萊斯特德和同事

對他的結論是：「或許是目前為止最有趣、最擅於操縱人心的心理病態虛構人物。」萊斯特德補充，現實中的詐欺案主角喬登‧貝爾福（Jordan Belfort）的故事《華爾街之狼》（*The Wolf of Wall Street*）（2013）也是有趣的描繪：「這些人貪心、愛操弄人心、謊話連篇，但並不具有身體上的攻擊性。」

診斷：原發性、操縱人心的心理病態

安東‧奇哥（Anton Chigurh），《險路勿近》（*No Country for Old Men*，2007）

這位職業殺手拿著一把連接壓縮空氣筒的氣槍，方便射門鎖，也方便射人頭。萊斯特德說，他最喜愛的心理病態人物描繪就是奇哥。他承認：「在我的職業生涯中，確實遇過幾位像這樣的人：他幹他的活兒，完全不會睡不著覺。」奇哥特別讓他想起自己訪談過的兩位現實生活中的職業殺手。「他們就像這樣：冷酷，聰明，不會內疚，不會焦慮，不會憂鬱。」

診斷：原發性、經典／特發性心理病態

令人害怕，但並不真實：

諾曼‧貝茲（Norman Bates），《驚魂記》（*Psycho*，1960）

現實中的連續殺人魔艾德‧蓋恩的行為牽涉到吃人、戀屍癖，與母親的關係有許多問題。他在 1957 年遭到逮捕後，與連續殺人犯有關的恐怖片也開始起飛。諾曼‧貝茲這個角色有部分靈感得自蓋恩，開啟了專門描寫變態怪胎的類型，殺人動機通常與性有關。這種行為變得與心理病態連結起來，但蓋恩本人比較可能是與現實脫節的精神病患。精神變態（psychosis）的診斷和心理病態完全不同，通常包含妄想和幻覺。

診斷：假心理病態、精神變態

漢尼拔·萊克特（Hannibal Lecter），《沉默的羔羊》（*The Silence of the Lambs*，1991）

是的，他也把我嚇得魂飛魄散。但萊克特近乎超人的聰明和與狡猾一點都不是任何人的典型，更不用說能代表心理病態了。萊克特是「菁英心理病態」的完美例子，成為 1980 和 90 年代流行文化中的代表性人物。這個冷靜自持的角色具有高雅細緻的品味（如紅酒和爵士樂）、高超的殺人技巧、虛榮，以及「近乎貓一般的舉止」。研究者補充：「這些特質，特別是這些特質的組合，一般而言不會出現在現實中的心理病態者身上。」事實上，心理病態性者帶有的優越感，和他們實際智商並不相符，研究顯示他們的智商和人口中其他人比起來沒有什麼不同。

診斷：萊克特不真實的能力與人格特質的結合，使他成為理想的反派角色，但無法診斷。

把電影放一邊，成功而非暴力的心理病態在各行各業中都看得到，傑出的神經科學家詹姆斯·法龍（James Fallon）便以令自己震撼的方式驗證了這件事。法龍在研究具有心理病態的人的腦時，有一張掃瞄影像跳出來，那是他為了有關阿茲海默症的另一項研究所做的正子造影。那張掃描呈現出來的特徵，與他在心理病態者身上看到的特徵一樣——這很有趣，直到他發現這張圖像是自己的腦。（法龍在研究中把自己的腦作為對照組之一，完全沒料到會有如此驚人的發現。）

法龍回顧自己過去的行為，了解到自己確實具有某些心理病

態*的特質，包括冒險傾向。但同時他也有著成功的事業和穩定的伴侶關係，而且他當然不是殺手。他認為自己是「親社會性心理病態」，某些心理學家用來描述難以對他人產生同理心、但能夠表現適當社會行為的人。

心理病態的類型

原發性和續發性心理病態：原發性心理病態從出生以來，情感（或說情緒）就已有缺損，可能具有遺傳基礎。他們通常被描述為更具攻擊性也更衝動。具有續發性心理病態性的人，是由環境塑造的，或許童年受虐，且比起原發性心理病態，更常被描述為具有恐懼或焦慮特質。

子類型：

經典／特發性心理病態：在廣為運用的「海爾病態人格量表—修訂版」中，所有部分的得分都是最高的，恐懼的表現很低、缺乏抑制能力，也缺乏同理心。

操縱人心的：通常很會說話，牽涉到犯罪時常與詐騙有關。

大男人主義的：缺乏前一組的口若懸河和迷人氣質，但會以強迫和恐嚇來達成目的。

假心理病態：又叫社會病態（sociopath），會表現出反社會行為，

---

*　法龍也指出，他並沒有「完整發展」的心理病態；他在 PCL-R 心理病態評量的分數低於一般認定的 30 分門檻。

但在「海爾病態人格量表—修訂版」中得分最低。

心理病態檢核表

　　診斷心理病態時，最常使用的檢核表是「海爾病態人格量表—修訂版」。它評量 20 項特徵，每一項都要評估，分數可為零（完全沒有這種特徵）、一（多少符合這種特徵），二（完全符合這種特徵）。以下是心理病態的 20 項特徵：

- ・口若懸河、表面迷人
- ・極度誇大的自我評價
- ・需要刺激
- ・病態性的說謊
- ・狡猾、愛操弄人心
- ・缺乏悔恨或罪惡感
- ・情感淺薄（表面的情緒反應）
- ・無感受、缺乏同理
- ・寄生式的生活方式
- ・行為控制不佳
- ・性生活混亂
- ・兒童行為問題
- ・缺乏實際長期目標
- ・衝動
- ・無責任感
- ・無法為自己的行為的負責
- ・許多短暫的婚姻關係
- ・青少年犯罪

‧假釋撤銷

‧多樣化的犯罪

聲音與憤怒

為什麼某些聲音會那麼惱人

很難形容我聽到別人嚼口香糖的感覺，但這是我的比喻：就像有人透過魔法進入我的頭裡，拿很多小針，一根一根扎進我的腦子裡。每次嘴唇一閉一掀，就多扎入一根針＊。嚼嚼嚼。我渾身不安，充滿焦慮，煩到惱怒。那感覺變成不知該奮戰還是逃跑的衝動，而我被兩者都想做的衝動淹沒。＊＊

我知道這很荒謬。那只不過是口香糖！但某些聲音，像是響亮的咀嚼聲和折關節的聲音，會讓我覺得像是被困在籠子裡的野獸。受這種感覺困擾多年後，我才知道這種感覺是有名字的：「恐聲症」（misophonia），也就是會被特定的聲音激起憤怒和焦慮感的症狀，目前我們對它所知甚少。這和單純覺得某些聲音惱人不同，後者是每個人都有的經驗。但對於有恐聲症的人來說，某些其他人不見得感到煩擾的聲音，卻會啟動特定而強烈的情緒反應。

我還算幸運，可以運用某些技巧來應付自己的情況，例如放背景音樂或戴上耳塞。但有些症狀更嚴重的人，甚至無法和家人朋友共餐，或因為對伴侶無可控制的雜音過於敏感而分手。很多有這種困擾的人，像我一樣，並沒有經過正式診斷。恐聲症多半

＊　這不是字面上的生理感受，而是它帶給我的感覺 —— 彷彿那個發出聲音的人正在做某種非常令人不悅的事，而且是衝著我來的。

＊＊　要說明清楚的是，我從來不曾感到暴力衝動，頂多很想對不顧他人發出噁心噪音的人飆髒話。

在醫學雷達的偵測範圍外。它也不是得到正式認可的疾病,因為並沒有公認的條件可供診斷。許多醫生甚至從沒聽過這種症狀。

但在過去十年左右,心理學家、聽力師和神經科學家開始注意到恐聲症,認為這是「真實存在」的病症。支持團體開始出現,治療師開始試驗不同療法,腦部研究也開始找到「聲音暴怒」的神經學基礎(很多人偏好使用比較溫和的「選擇性聲音敏感症候群」一詞)。目前為止最重要的神經學發現,常來自有此症狀的人向科學家求助時提出的問題。

米倫・艾德斯坦(Miren Edelstein) 在 2011 年第一次接觸到恐聲症,那時她的研究所指導教授 V・S・拉瑪錢德朗(V. S. Ramachandran)開始收到求助者的詢問。拉瑪錢德朗是著名的神經科學家,研究腦如何處理感覺訊號,因幻肢痛的研究而出名。他發明了一種簡單的鏡箱,讓腦子截去的肢體又回來了,因而緩解截肢者的痛苦。受恐聲症所苦的人希望他也可以調查這種症狀,了解是否也和腦中線路錯誤有關。

艾德斯坦當時正在研究聽覺與認知,特別專注於絕對音感。這與恐聲症有些距離,但又算是有關,因此拉瑪錢德朗要她研究一下這種謎樣的新症狀。她首先注意到的是,恐聲症字面上的意思雖然是「討厭聲音」,但這樣的人一般而言並不討厭聲音也不怕大聲的噪音,他們只針對特定聲音,而且是重複聽過的聲音才會受到觸發。艾德斯坦說:「這很令人好奇。基本上,每個人似乎都有自己獨特的一套觸發條件。」

她的結論是,因為觸發聲而產生的憤怒、焦慮等,很像是幫助我們應付危險的「戰或逃」生理反應。不管你面對的是 200 多公斤的大猩猩還是期末考,你的身體都以類似的方式反應。交感神

經系統啟動，刺激你的腎上腺分泌激素，讓你心跳加速、呼吸急促、皮膚冒汗。心理學家發現，監測手汗可以在某種程度上追蹤一個人的情緒狀態，因為流汗對我們的思考和感覺的反應是最靈敏的。（科學家甚至不需要測量實際的汗液，只要汗腺開始提高溼度，皮膚表面的導電性＊就會稍微提升。）

於是艾德斯坦開始測量有恐聲症和沒有恐聲症的人的膚電傳導反應，以確定有這種症狀的人是否對某些聲音有較大的生理反應。她播放幾十種錄音，內容包羅萬象，包括鳥鳴、兒童的笑聲，到鯨魚歌聲與指甲刮黑板的聲音。（聲音會單獨播放，也會和影像一同播放，以區分聽覺和視覺效果。）幾乎所有人都對指甲刮黑板和嬰兒哭聲有生理反應。但很確定的是，有恐聲症的人對其他聲音也會有強烈反應，例如嚼口香糖、按筆的喀噠聲，以及咬蘋果的清脆咀嚼聲。

透過這些實驗結果，首次證實了具有恐聲症的人體驗聲音的方式和別人不同。和對照組比起來，有恐聲症的人不僅對某些聲音具有一貫的高度反感，膚電傳導測量也顯示他們對這些聲音有生理反應。這種反應是內在的和自發性的，意即無法用意識控制。這對於有恐聲症的人來說是重要發現，因為他們對於「不要理它就好」或「別讓它影響你」等好心建議往往感到挫折。對於受恐聲症所苦的人，那是不可能的。

艾德斯坦做實驗時，注意到有恐聲症的人常常提到的另一件怪事：如果發出聲音的是親近的人，例如家人或朋友，會比陌生

＊　多頻道生理記錄儀（或測謊儀）所測量的因子之一就是膚電傳導（skin conductance），其他還有心跳和呼吸。多年來，美國心理學學會（American Psychological Association）一直認為多頻道生理記錄儀在測謊上並不可靠。但這不表示膚電傳導沒有用處，它已被證實能可靠顯示一個人心理激起（psychological arousal）狀態的變化，只是無法顯示一個人是否說實話。

人更無法忍受。這對於有恐聲症的人和與他們住在一起的人來說十分不幸，但艾德斯坦同時也覺得這點很引人遐思：聽到聲音的情境似乎具有某種重要性。

艾德斯坦說：「有一位受恐聲症所苦的女士來找我們，一開始我們播放一個嬰兒把很溼的嬰兒食品吃得亂七八糟的聲音。她看不到影像，只能聽聲音，反應是『感覺很糟』，而且覺得被觸發得很嚴重。」然後研究者播放影片版，她可以看到這些聲音實際上是個嬰兒發出來的。「她的反應完全改觀。忽然感覺沒那麼糟了，她甚至說這嬰兒有點可愛。」

有了這些經驗，艾德斯坦正更加仔細觀察人們從聽見觸發聲到生理起反應的時間，以了解「好」的情境（例如嬰兒吃東西）是否有影響，或如果一個人仍被觸發，是否能夠很快改寫那種不悅訊號。

雖然這種記錄很有用，但我們仍不知道有恐聲症的人在聽到觸發聲時，腦中究竟發生什麼事。艾德斯坦和同事建立起這種症狀的生理基礎後，下一步便是尋找生物學上的機制：聲音如何觸發情緒。而有一個研究團隊正使用腦部顯影進行這件事。

提姆・格里菲斯（Tim Griffiths）是英國新堡大學（Newcastle University）的神經科學家，他先前的研究是測量人們對討厭的聲音的反應*，發表於 2012 年，並在那之後開始研究恐聲症。像艾德斯坦的指導教授一樣，格里菲斯開始收到苦於恐聲症的人的求救

----

* 在這項研究中，令人最不愉快的聲音頻率發生在 2000 到 5000 赫茲之間，這是非常敏銳的區域。在 74 種聲音中，指甲刮黑板的令人厭惡程度排名第五，僅次於女性尖叫聲。最糟糕的聲音是拿刀子刮過玻璃瓶的聲音。當聲音愈令人不舒服時，腦中有兩個區域之間的活動就愈明顯：負責處理聲音的聽覺皮質，以及杏仁核，也就是腦中牽涉到恐懼及其他情緒的部位。

訊息。

一開始，格里菲斯認為這種症狀聽起來像是在胡說八道，他猜想這些人或許有些神經質，但在神經學上與其他人無異。不過，因為這想法引人好奇，所以他開始邀請有恐聲症的人到他的實驗室。他說：「事情立刻變得很清楚：我完全錯了。」

這些有恐聲症的人對某些聲音的反應非常一致，但聲音本身卻包羅萬象。對很多人來說，嘴部發出的聲音最令他們惱怒，如咀嚼聲或吸允聲，而另外一些人則會被喀嗒喀嗒聲激怒。有一位很成功的財務主管說，他無法在開放式辦公室工作，因為充滿了打字聲。顯然，這和格里菲斯過去研究的討人厭的聲音是不同的現象。這些苦於恐聲症的人聽覺正常，沒有其他神經症狀，腦部掃描看起來也正常。

格里菲斯猜想，或許這些人的腦在處理聲音時發生了什麼狀況，那種狀況或許不會顯現在腦部結構的影像中，但如果使用功能性磁振造影，透過血流來間接測量腦中不同部位的活動，或許可以看出些什麼端倪。於是格里菲斯開始觀察恐聲症患者聽到觸發聲時的腦部活動，與沒有恐聲症的人比較。他也使用之前研究過的令人討厭的聲音，觀察這兩組人的反應。

在有恐聲症的人腦中，格里菲斯找出了聽見觸發聲時的一個模式：有一個區域的灰質會變得較活躍，這個區域稱為前島皮質（anterior insular cortex），藏在腦兩側較大的皺摺之中。聽到大家都討厭的聲音時，反應最強烈的地方與此不同，可知兩者是完全不同的現象。

格里菲斯解釋，我們周遭總是充斥著各種聲音，而腦也一直在決定哪些聲音比較重要（例如我們都學會忽略冰箱的運轉聲，但會注意到某扇門猛然關上的聲音）。腦做這些決定時，會使用

一組相互溝通的結構網絡，神經科學家稱之為「凸顯性網絡」（salience network）。前島皮質是這個網絡的關鍵部分，同時也是恐聲症人腦中過度活躍的地方。

所以，在有恐聲症的人腦中，通常會被忽略排除的信號卻被當作是重要的，並繼續傳遞。值得注意的是，其中有一個異常的傳遞路線通往內側額葉，這個區域和情緒反應的控制有關。格里菲斯說：「我們認為是這個控制系統中發生異常。」在腦中應該釋放不重要聲音的區域，卻被踩下油門，而在腦中應該制止情緒反應之處，煞車卻被放開。結果原本應該是無害的聲音，卻變得像是一種威脅。

了解這種不尋常的症狀，也有助我們更廣泛了解腦如何連結感覺與情緒。格里菲斯補充：「這是情緒控制的自然實驗。」目前為止，他的研究團隊支持這種想法：對於不需有情緒反應的刺激，額葉的控制機制通常會壓抑情緒反應。

要把我們對恐聲症的了解應用在可行的治療法上，還需要更多研究。可能的治療法中，包括「重新訓練」腦對聲音的反應，只是目前還不清楚這該如何進行。有些人透過認知行為治療（cognitive behavioral therapy）獲得改善，這種心理學上的訓練旨在改變功能不良的想法、情緒和行為。有些人說某些 app 和暴露治療法對他們有幫助，這種治療法的目標是逐漸提升對觸發聲的容忍。但因為現有的方法尚未在實驗室環境中徹底測試過，要確認何種方式對誰有效，還有待更多研究。

去年夏天，艾德斯坦參加了一場為恐聲症研究者舉辦的集會，主辦者是 REAM 基金會，他們也開放研究獎助金的申請。這個集會中，包括聽力學、神經科學、臨床心理學等不同領域的恐聲症

研究者首次齊聚一堂，討論各種研究的優先性。在發展和測試治療方式的同時，其中一項重要工作是很基本的：為恐聲症下定義，並建立診斷上的準則。

至於恐聲症應被視為神經上的症狀或精神障礙，仍有爭議。由於精神病學處理的是行為和情緒上的問題，有些精神科醫生把恐聲症視為自己的領域。而如果得到精神醫學《精神障礙診斷與統計手冊》（*Diagnostic and Statistical Manual of Mental Disorders*，簡稱 DSM）的認可，或許有助於恐聲症得到更多研究與治療，卻也可能產生其他問題。如果被診斷為精神病，受恐聲症所苦的人不會喜歡隨之而來的標籤，無論這種標籤本身有多麼偏頗。

對於這一點，他們已經有過經驗。在犯罪電視劇《犯罪心理》（*Criminal Minds*）2018 年的一集節目中，一名 FBI 調查員推測，凶手之所以在受害者的聽覺皮質鑽洞，可能是因為患有恐聲症，因而對聲音做出暴力反應。這種描述受到恐聲症社群的排斥，因為這種症狀目前為止並未與任何暴力行為連在一起。（至於我，在聽到別人製造的聲音而焦慮不已的同時，還要擔心他們可能會怕我聽到觸發聲而在飯桌上抓狂，實在是夠累的了。）

暫且不管負面形象，看到恐聲症得到注意，尤其是科學家的注意，仍是件值得欣喜的事。我在本文介紹的兩項研究，是確立恐聲症原因的里程碑，但還有更多研究仍在進行中。我感謝所有花時間研究這種神祕病症的科學家、所有認真以對的治療師，以及給予支持而非嘲笑的所有家人朋友。我們都有各自的怪毛病，而這是屬於我的怪毛病（或怪毛病「之一」）。我希望這裡的討論能夠帶來刺激，讓同樣為恐聲症所苦的人把自己的情況說出來，甚至向外求援。

因為，讓我們承認：有點不正常，是完全正常的。

後記

我最喜歡的科學家都不怕用直率的語言談論這個世界，他們看見什麼就說什麼。

在這裡，我想到的是像傑夫·湯伯林這樣的研究者，熱情又務實地把蠅蛆引入我們的食物供應鏈中。還有海倫·歐康奈爾，不只願意測繪陰蒂的解剖圖，也向整個醫學殿堂解釋他們的教科書其實是錯的。又例如安娜麗莎·杜德，不怯於要求自願者脫下褲子捐獻精液，因為鑑識科學需要拿精液去餵蒼蠅。

這種科學上的膽量，值得世界效法。我們太常因為恐懼和社會成規而退縮。有些議題完全缺乏討論，有些議題被認為不值得認真研究。這有時是因為我們多數人覺得噁心或尷尬——例如分泌物。或性。或屍體。

我曾有過一次機會，會見暢銷作家瑪莉·羅曲（Mary Roach）——不用說，她一直是我最喜歡的科學作家，她以感性而幽默的筆調寫過許多關於這類事物的主題。我們花了一點時間感慨寫作「噁心的東西」的處境：別人常以為我的寫作對象是兒童，總是提議一些和放屁有關的題目。但撰寫這類主題並不只是做出一些噁心的觀察，然後咯咯笑著跑走就好。反之，目標是探索更重要的想法，或發掘出迷人的科學，了解我們身為大自然的一部分是怎麼回事。讓我們坦然面對：大自然常常是噁心的。

當然，人類不見得喜歡被提醒自己是噁心的。但我們就是噁

心。我們身為動物，會活著、呼吸、產生黏液、排糞、流血，最後會死亡並腐敗，這沒什麼好尷尬的。我們還是小孩時對此並不尷尬，這是為什麼人常把噁心的科學和小孩連在一起。但隨著成長，我們被期待要對自己的身體感到羞恥，並且對所有噁心的東西失去興趣。

但我要說，當我們停止對生命中噁心、令人尷尬或恐怖的部分感到好奇時，我們也錯失了很多東西。有太多科學突破，源自於有人決定要仔細查看其他人轉頭不看的東西。舉例來說，如果亞歷山大・弗萊明不敢採集感冒病患的鼻涕，我們也不會有抗生素。（他注意到這種黏液有抑制細菌生長的奇怪特性＊。）後來他在一個長了黴菌的培養皿上看到類似現象，想起那件往事。這個發黴的培養皿就是他發現盤尼西林的起源，而且一開始被他稱為「黴菌汁」（一個令人欣賞的直白稱呼，但應該很難取信於一般大眾）。

同樣地，取自海莉耶塔・拉克斯（Henrietta Lacks）子宮頸的細胞永遠改變了醫學研究＊＊。這些取自一名女性「不可說」部位的細胞，是第一批被認為符合科學家所謂的「不死」的細胞，也就是可以在實驗室中永無止盡地分裂而不會死。拉克斯的細胞打開了細胞實驗的新世界，包括測試第一支小兒麻痺症疫苗，首次進

＊　這是他發現溶菌酶（lysozyme）的經過，這種酶在我們的分泌物中自然存在，包括唾液和眼淚。它幫助身體抑制細菌感染，不過若要作為對抗疾病的抗生素則效果不彰。

＊＊　海莉耶塔・拉克斯是一名非裔美國女性，在約翰霍普金斯大學治療子宮頸癌。有一些細胞是在 1951 年採集的，交給了喬治・奧圖・蓋（George Otto Gey），這位研究者注意到這些細胞可以分裂多次而不會死亡，相當不尋常。他為這些細胞命名為海拉（HeLa），取自海莉耶塔・拉克斯姓名的開頭，並培養出一直存活至今的細胞株。這些細胞是在拉克斯不知情的狀況下取得的，而她的家人在 1975 年之前也一直未被通知這個細胞株的存在。

行細胞複製，以及數十年來對癌症及病毒的研究。

　　然後還有噁心的動物世界，為工程師和我們其他人提供了無窮無盡令人欣喜的啟發。現在，研究者不只在發展可以像蟑螂一樣跑得快又不怕被壓扁的機器人，也根據盲鰻的黏液來設計防彈背心。他們甚至了解了袋熊的腸子如何產生立方體形狀的大便＊。我等不及想看加工食品公司如何運用這項發現，但我猜這可以打開擠壓科技的新世界，以及可疊式零嘴。

　　我喜歡動物是噁心的這件事。那是生命能夠解決問題的見證，如盲鰻可以立即噴射出困住鯊魚的黏液，或袋熊可以把大便疊起來標記自己的地盤，不會滾落。演化或許對於尊嚴問題沒有考慮那麼多，但顯然達成了任務。（我也很高興有人有足夠的好奇心把路殺的袋熊剖開，研究牠的腸子如何運作。）

　　這樣的好奇心不只對遇上死袋熊的科學家有用，也不限於研究者。我們全都可以起身擁抱生命中的噁心事物。試想，如果家有一個六歲小孩，而你一點都不介意討論大便，生活會變得輕鬆愉快得多。如果看到一隻蟑螂，只會想起牠用四隻腳可以和六隻腳跑得一樣快，又是多美好的一件事。更不用說，和你的醫生談論各種分泌物和身體功能會變得容易得多。我敢說，對於哪些事物為何令我們厭惡，如果能想得更深入，我們甚至可能學會對彼此更加容忍。而這一切都始於好奇心。

　　我的希望是，閱讀這些故事能有助你確認：跟著自己的好奇心走是沒問題的，就算它把你暫時帶入陰影之中。當你探索黑暗之處，科學可以作為你的手電筒，因為科學畢竟是了解世界如何

＊　答案是袋熊的腸子有些區域較軟、有些區域較硬，呈交替分布。所以當糞便通過時，會經過較軟的段落，然後是較硬的段落，如此反覆。較硬的區域會塑造出立方體的平面。

運作的方法。而當你知道某件事情為何如此時，它幾乎總會立刻失去威脅性。

我自己也有過這樣的發現。我不再害怕看到屍體，而當我了解到不是每個人都覺得吃蟲噁心時，我自己也比較容易接受吃蟲了。而隨著我更加了解女性的身體，我也對自己居住的這副軀殼感到更自在。

所以，讓我們問更多噁心的問題。讓我們更加敞開心胸，發掘世界的實況，而不是我們幻想中的模樣。讓我們看見大自然的美妙，即使裡面包含六隻腳的生物，或會吃掉自己小孩的生物。讓我們更不恐懼，更不對自己的身體感到羞恥。讓我們更常談論死亡。

還有最重要的是，讓我們更加直率吧！

謝誌

如果沒有我最優秀的編輯希拉蕊·布雷克（Hilary Black），本書無法誕生。她完全支持我把噁心科學帶給更多屬者的願景，並非常專業地引導它的降生。她的努力得到的報償，是忍受有關體液和屍體的無止盡對話，她也以幽默和優雅的氣度挺過來了。（我知道，當她興奮地大嚷「下流！」時，表示她喜歡那個主意。）同樣地，我也要感謝米歇爾·卡西迪（Michelle Cassidy），他對這本書各階段的草稿都不吝給予意見，以及安·史塔布（Anne Staub），她靈巧地幫許多文字塑形。我感到十分幸運，能夠和具有無比天才的布萊恩尼·莫羅－克里布斯（Briony Morrow-Cribbs）合作，他傑出的插畫原稿完美地捕捉了怪物之美。最後，感謝各位文編，幫這隻長著長毛的怪物理毛、洗澡，還上潤絲精。

我這樣怪異的興趣，如果不是有一群無比支持、總是充滿好奇的同事，恐怕永遠找不到宣洩的出口。我必須先感謝《科學新聞》的科學報導大家庭，那裡也是《科學詭案調查局》開始的地方。湯姆·齊格弗里德（Tom Siegfried）和伊娃·艾默森（Eva Emerson）兩位編輯對我有關「科學黑暗面」的部落格點子說好，或許有違他們的理性判斷，但對此我永遠感激。凱特·崔維斯（Kate Travis）是我永不懈怠的編輯，也是在我最需要加油打氣時的啦啦隊，更幫助我仔細考慮許多莫名瘋狂的點子。許多記者，包括蒂納·賽伊（Tina Saey）、蘇珊·麥理耶斯（Susan Milius）、貝

瑟尼‧布魯克瑟爾（Bethany Brookshire）、蘿拉‧桑德斯（Laura Sanders），慷慨分享故事主題的點子，而且不是只關於大便。

在國家地理，我要感謝傑米‧史瑞夫（Jamie Shreeve）和丹‧吉爾戈夫（Dan Gilgoff），他們願意徵用我為科學編輯，有部分原因在於我撰寫的部落格，而不是像普通老闆那樣一邊尖叫一邊逃走。我也要感謝 Phenomena 部落格網絡的伙伴：娜迪亞‧德瑞克（Nadia Drake）、羅伯特‧克洛威奇（Robert Krulwich）、艾德‧楊（Ed Yong）、卡爾‧齊默（Carl Zimmer）、瑪麗恩‧麥肯納（Maryn McKenna）、維吉尼亞‧休斯（Virginia Hughes）和布萊恩‧斯威特克（Brian Switek），你們都給我許多啟發。維多莉亞‧加高德（Victoria Jaggard）是我的部落格編輯，也是我在病態好奇心上的靈魂伴侶，還有許多傑出的同事給予我聰明的點子和不懈的支持：馬克‧史特勞斯（Mark Strauss）、麥可‧格列斯科（Michael Greshko）、克莉絲汀‧戴爾艾摩（Christine Dell'Amore）、布萊恩‧豪爾（Brian Howard）、貝琪‧利托（Becky Little）、蘿拉‧帕克（Laura Parker）。

從事科學報導的其中一項樂趣，是當研究者做了什麼有趣的事情時，記者就有藉口可以打電話給他們，問他們一些平時會被認為愛管閒事到沒禮貌的程度的問題。你到底為什麼會想到這種事？告訴我那件事〔也就是我們正在談論的噁心話題〕發生時的狀況。那有什麼感覺？令人驚訝的是，他們通常都會回答。感謝所有忍耐我的問題及後續問題的科學家。沒有你們的辛勤工作和科學上的好奇心，我也沒有任何有趣的東西可寫。特別感謝那些邀請我去你們的實驗室和辦公室、或歡迎我前去你們的集會的科學家與單位：梅根‧湯姆斯（Megan Thoemmes）、羅伯‧杜恩（Rob Dunn）、傑夫‧湯伯林、南西‧欣克爾、蓋兒‧李奇（Gale

Ridge）、布魯斯・戈德法布（Bruce Goldfarb）和巴爾的摩首席法醫事務局、「吃昆蟲研討會」的主辦者，還有美國鑑識科學院。同樣的，也感謝兩位勇敢的女士，告訴我有關寄生蟲妄想症的親身經歷。藉由講述你們的故事，我希望我們能鼓勵更多人尋求他們需要的幫助。

　　最後，我的朋友與家人是不可思議的支持系統。感謝琳恩・艾迪森（Lynn Addison），既是我明察秋毫的讀者，也是我實質上的治療師。寫作者要非常幸運，才能有一個朋友，會手持一杯酒，告訴你一切都會沒事的，然後幫你驅散任何寫作上的障礙。我的先生傑伊是強大的安定力量，讓我能夠奮力向前而不至於跌倒。而我對我父母的感謝永遠不足。謝謝你，媽媽，比老師更早教我閱讀，然後要圖書館員讓我借超過上限的書，因為你很確定我會全部讀完。我的確都讀完了，而我一生對閱讀的愛都要感謝你。謝謝你，爸爸，為我引介科學的世界，並相信我做得到。你相信你的女兒可以在中學弄懂微積分，這個信念雖然錯了，但你對我的信心仍令我感激。

參考資料

第一部：病態的好奇心

引言：沒那麼 CSI

Oosterwijk, S. "Choosing the Negative: A Behavioral Demonstration of Morbid Curiosity." PLOS One 12, no. 7 (2017). doi: 10.1371/journal.pone.0178399.

Wilson, Eric G. Everyone Loves a Good Train Wreck: Why We Can't Look Away. Sarah Crichton Books, 2012.

世界最小的犯罪現場

Portions originally published as Engelhaupt, Erika. "Peek Into Tiny Crime Scenes Hand-Built by an Obsessed Millionaire." Gory Details (blog), National Geographic, June 15, 2016. https://www.nationalgeographic.com/science/phenomena/2016/06/15/peek -into-tiny-crime-scenes-hand-built-by-an-obsessed-millionaire/

Botz, Corinne. The Nutshell Studies of Unexplained Death. The Monacelli Press, 2004.

Goldfarb, Bruce. 18 Tiny Deaths: The Untold Story of Frances Glessner Lee and the Invention of Modern Forensics. Sourcebooks, 2020. Detailed images of the Nutshells are available through the Smithso- nian Institution's website at americanart.si.edu/exhibitions/nutshells.

活死人

Portions originally published as Engelhaupt, Erika. "Getting to Know the Real Living Dead." Used with permission, Gory Details (blog), Science News, Nov. 7, 2013. www.sciencenews.org/blog/gory -details/getting-know-real-living-dead; and Engelhaupt, Erika. "You're Surrounded by Bacteria That Are Waiting for You to Die." Gory Details (blog), National Geographic, December 12, 2015. www.nationalgeographic.com/science/ phenomena/2015/12/12/ youre-surrounded-by-bacteria-that-are-waiting-for-you-to-die.

Bilheux, Hassina Z., et al. "A Novel Approach to Determine Post Mortem Interval Using Neutron Radiography." Forensic Science International 251 (June 2015): 11–21.

Costandi, Moheb. "This Is What Happens After You Die." Mosaic, May 4, 2015.

Hyde, Embriette R., et al. "The Living Dead: Bacterial Community Structure of a Cadaver at the Onset and End of the Bloat Stage of Decomposition." PLOS One 8, no. 10 (October 30, 2013).

Javan, Gulnaz T., et al. "Cadaver Thanatomicrobiome Signatures: The Ubiquitous Nature of Species in Human Decomposition." Frontiers in Microbiology 8 (2017): 2096.

Metcalf, Jessica L., et al. "A Microbial Clock Provides an Accurate Estimate of the Postmortem Interval in a Mouse Model System." Elife 2 (October 15, 2013).

Pechal, J. L., et al. "Microbial Community Functional Change During Vertebrate Carrion Decomposition." PLOS One 8, no 11 (2013). doi: 10.1371/journal.pone.0079035.

Sender, R., et al. "Revised Estimates for the Number of Human and Bacteria Cells in the Body." PLOS Biology 14, no. 8 (2016). doi: 10.1371/journal.pbio.1002533.

Vass, Arpad A. "Beyond the Grave—Understanding Human Decomposition." Microbiology Today 28 (November 2001): 190–93.

如果你死了，你的狗會把你吃掉嗎？

Portions originally published as Engelhaupt, Erika. "Would Your Dog Eat You if You Died? Get the Facts." Gory Details (blog), National Geographic,June23,2017.news.nationalgeographic.com/2017/06/ pets-dogs-cats-eat-dead-owners-forensics-science.

Biro, Dora, et al. "Chimpanzee Mothers at Bossou, Guinea Carry the Mummified Remains of Their Dead Infants." Current Biology 20, no. 8 (April 27, 2010): R351–R52.

Buschmann, C., et al. "Post-Mortem Decapitation by Domestic Dogs: Three Case Reports and Review of the Literature." Forensic Science, Medicine, and Pathology 7, no. 4 (December 1, 2011): 344–49.

Colard, Thomas, et al. "Specific Patterns of Canine Scavenging in Indoor Settings." Journal of Forensic Sciences 60, no. 2 (2015): 495–500.

Hernández-Carrasco, Mónica, et al. "Indoor Postmortem Mutilation by Dogs: Confusion, Contradictions, and Needs from the Perspec- tive of the Forensic Veterinarian Medicine." Journal of Veteri- nary Behavior 15 (September 1, 2016): 56–60.

King, B. J. How Animals Grieve. University of Chicago Press, 2013.

Maksymowicz, Krzysztof, et al. "Refutation of the Stereotype of a 'Killer Dog' in Light of the Behavioral Interpretation of Human Corpses Biting

by Domestic Dogs." Journal of Veterinary Behav-
ior 6, no. 1 (2011): 50–56.

Ropohl, Dirk, Richard Scheithauer, and Stefan Pollak. "Postmortem
Injuries Inflicted by Domestic Golden Hamster: Morphological Aspects
and Evidence by DNA Typing." Forensic Science Inter- national 72, no. 2
(1995): 81–90.

Rothschild, Markus A., and Volkmar Schneider. "On the Temporal
Onset of Postmortem Animal Scavenging: 'Motivation' of the Animal."
Forensic Science International 89, no. 1 (September 19, 1997): 57–64.

Smith, B., ed. The Dingo Debate: Origins, Behaviour and Conserva- tion.
CSIRO Publishing, 2015.

Steadman, Dawnie Wolfe, and Heather Worne. "Canine Scavenging of
Human Remains in an Indoor Setting." Forensic Science Inter- national
173, no. 1 (2007): 78–82.

Verzeletti, Andrea, Venusia Cortellini, and Marzia Vassalini. "Post-
Mortem Injuries by a Dog: A Case Report." Journal of Forensic and
Legal Medicine 17, no. 4 (2010): 216–19.

流血的屍體

Portions originally published as Engelhaupt, Erika. "How 'Talking'
Corpses Were Once Used to Solve Murders." Gory Details (blog),
National Geographic, October 9, 2017. news.nationalgeographic
.com/2017/10/how-talking-corpses-solve-murders-cruentation -ordeal-
science.

Brittain, R. P. "Cruentation in Legal Medicine and in Literature."
Medical History 9 (1965): 82–88.

James, King I. Daemonologie, in Forme of a Dialogue. Printed by Robert Walde-graue, printer to the Kings Majestie, 1597.

Lea, Henry Charles. Superstition and Force: Essays on the Wager of Law- the Wager of Battle-the Ordeal-Torture. 3rd ed. Collins, 1878.

Maeder, Evelyn M., and Richard Corbett. "Beyond Frequency: Perceived Realism and the CSI Effect." Canadian Journal of Crimi- nology and Criminal Justice 57, no. 1 (January 2015): 83–114.

如果鞋子漂起來……

Anderson, Gail. "Determination of Elapsed Time Since Death in Homicide Victims Disposed of in the Ocean." Canadian Police Research Center, 2008.

Anderson, Gail S., and Lynne S. Bell. "Impact of Marine Submer- gence and Season on Faunal Colonization and Decomposition of Pig Carcasses in the Salish Sea." PLOS One 11, no. 3 (March 1, 2016).

Donoghue, E. R., and S. C. Minnigerode. "Human-Body Buoyancy: Study of 98 Men." Journal of Forensic Sciences 22, no. 3 (1977): 573–79.

Lunetta, Philippe, Curtis Ebbesmeyer, and Jaap Molenaar. "Behaviour of Dead Bodies in Water." In Drowning: Prevention, Rescue, Treatment, edited by J. Bierens. Springer, 2014, 1149.

第二部：真噁心
引言：蟲蟲自助餐

Curtis, Valerie. Don't Look, Don't Touch, Don't Eat. University of Chicago Press, 2013.

Ruby, M. B., P. Rozin, and C. Chan. "Determinants of Willingness to Eat Insects in the USA and India." Journal of Insects as Food and Feed 1, no. 3 (2015): 215–25.

蛆的農場

Evans, Josh, et al. On Eating Insects: Essays, Stories and Recipes. Phaidon Press, 2017.

Huis, Arnold van, et al. "Edible Insects: Future Prospects for Food and Feed Security." Rome: Food and Agriculture Organization of the United Nations, 2013.

Sheppard, D. C., J. K. Tomberlin, J. A. Joyce, B. C. Kiser, and S. M. Sumner. "Rearing and Colony Maintenance of the Black Soldier Fly, Hermetia illucens (L.) (Diptera: Stratiomyidae)." Journal of Medical Entomology 39 (2002): 695–98.

Sheppard, C., J. K. Tomberlin, and G. L. Newton. "Use of Soldier Fly Larvae to Reduce Manure, Control House Fly Larvae, and Pro- duce High Quality Feedstuff." Paper presented at the National Poultry Waste Management Symposium, 1998.

臭得好

Portions originally published as Engelhaupt, Erika. "People Sometimes Like Stinky Things—Here's Why." Gory Details (blog), National

Geographic, August 3, 2015. www.national geographic.com/science/ phenomena/2015/08/03/why-do-people -sometimes-like-stinky-things.

Rozin, Paul, et al. "Glad to Be Sad, and Other Examples of Benign Masochism." Judgment and Decision Making 8, no. 4 (July 2013): 439–47.

Toffolo, Marieke B. J., Monique A. M. Smeets, and Marcel A. van den Hout. "Proust Revisited: Odours as Triggers of Aversive Memo- ries." Cognition & Emotion 26, no. 1 (2012): 83–92.

精液的傳播

Portions originally published as Engelhaupt, Erika. "Flies Could Falsely Place Someone at a Crime Scene." Gory Details (blog), National Geographic, February 22, 2016. www.nationalgeographic.com/ science/ phenomena/2016/02/22/flies-could-falsely-place-someone -at-a-crime-scene.

Cale, Cynthia. "Forensic DNA Evidence Is Not Infallible." Nature 526 (October 29, 2015).

Cale, Cynthia M., et al. "Could Secondary DNA Transfer Falsely Place Someone at the Scene of a Crime?" Journal of Forensic Sciences 61, no. 1 (January 2016): 196-203.

Cale, C., et al. "Indirect DNA Transfer: The Impact of Contact Length on Skin-to-Skin-to-Object DNA Transfer." In American Academy of Forensic Sciences annual meeting, Baltimore, 2019.

Durdle, Annalisa, et al. "Location of Artifacts Deposited by the Blow Fly Lucilia cuprina After Feeding on Human Blood at Simulated Indoor Crime Scenes." Journal of Forensic Sciences 63, no. 4 (July 2018): 1261–

68.

Durdle, Annalisa, Robert J. Mitchell, and Roland A. H. van Oorschot. "The Food Preferences of the Blow Fly Lucilia cuprina Offered Human Blood, Semen and Saliva, and Various Nonhuman Foods Sources." Journal of Forensic Sciences 61, no. 1 (January 2016): 99–103.

Hussain, Ashiq, et al. "Ionotropic Chemosensory Receptors Mediate the Taste and Smell of Polyamines." PLOS Biology 14, no. 5 (May 2016).

嗅出疾病

Originally published as Engelhaupt, Erika. "You Can Smell When Someone's Sick—Here's How." Gory Details (blog), National Geographic, January 18, 2018. news.nationalgeographic.com/ 2018/01/ smell-sickness-parkinsons-disease-health-science.

Gordon, S. G., et al. "Studies of Trans-3-Methyl-2-Hexenoic Acid in Normal and Schizophrenic Humans." Journal of Lipid Research 14, no. 4 (1973): 495–503.

McGann, John P. "Poor Human Olfaction Is a 19th-Century Myth." Science 356, no. 6338 (May 12, 2017).

Regenbogen, Christina, et al. "Behavioral and Neural Correlates to Multisensory Detection of Sick Humans." Proceedings of the National Academy of Sciences of the United States of America 114, no. 24 (June 13, 2017): 6400–405.

Smith, K., G. F. Thompson, and H. D. Koster. "Sweat in Schizophrenic Patients: Identification of Odorous Substance." Science 166, no. 3903 (1969): 398–99.

Trivedi, Drupad K., et al. "Discovery of Volatile Biomarkers of

Parkinson's Disease from Sebum." ACS Central Science 5, no. 4 (April 24, 2019): 599–606.

下水道裡的怪物

Originally published as Engelhaupt, Erika. "Huge Blobs of Fat and Trash Are Filling the World's Sewers." Gory Details (blog), National Geographic, August 16, 2017. news.national geographic.com/2017/08/ fatbergs-fat-cities-sewers-wet-wipes -science.

He, Xia, et al. "Evidence for Fat, Oil, and Grease (FOG) Deposit Formation Mechanisms in Sewer Lines." Environmental Science & Technology 45, no. 10 (May 15, 2011): 4385–91.

He, Xia, et al. "Mechanisms of Fat, Oil and Grease (FOG) Deposit Formation in Sewer Lines." Water Research 47, no. 13 (September 1, 2013): 4451–59.

第三部：打破禁忌
引言：終極禁忌

Beaglehole, J. C., ed. The Journals of Captain James Cook on His
Voyages of Discovery. Vol. 1: Hakluyt Society, 2017.

Bergmann, Anna. "Taboo Transgressions in Transplantation Medicine." Journal of American Physicians and Surgeons 13, no. 2
(2008): 52–55.

Canavero, Sergio. "The 'Gemini' Spinal Cord Fusion Protocol:
Reloaded." Surgical Neurology International 6 (2015): 18. ——.
"Heaven: The Head Anastomosis Venture Project Outline for the First
Human Head Transplantation with Spinal Linkage (Gemini)." Surgical
Neurology International 4, Suppl. 1 (2013):
S335–42.

Niu, A., et al. "Heterotopic Graft of Infant Rat Brain as an Ischemic
Model for Prolonged Whole-Brain Ischemia." Neuroscience
Letters 325, no. 1 (May 31, 2002): 37–41.

Ren, Xiao-Ping, et al. "Allogeneic Head and Body Reconstruction:
Mouse Model." CNS Neuroscience & Therapeutics 20, no. 12 (December
2014): 1056–60.

取得人頭不簡單

Portions originally published as "Surgeon Reveals Head Transplant
Plan, But Patient Steals the Show." Gory Details (blog), National
Geographic, June 12, 2015. www.nationalgeographic.com/ science/
phenomena/2015/06/12/surgeon-reveals-head-transplant -plan-but-
patient-steals-the-show; and Engelhaupt, Erika. "Human Head

Transplant Proposed—How Did We Get Here?" Gory Details (blog), National Geographic, May 5, 2015. www .nationalgeographic.com/ science/phenomena/2015/05/05/human -head-transplant-proposed-how-did-we-get-here.

Konstantinov, I. E. "At the Cutting Edge of the Impossible: A Tribute to Vladimir P. Demikhov." Texas Heart Institute Journal 36, no. 5 (October 2009): 453–58.

Ren, Xiaoping, and Sergio Canavero. "Heaven in the Making: Between the Rock (the Academe) and a Hard Case (a Head Transplant)." AJOB Neuroscience 8, no. 4 (October 2, 2017): 200–205.

White, R. J., et al. "Brain Transplantation: Prolonged Survival of Brain after Carotid-Jugular Interposition." Science 150, no. 3697 (1965): 779–81.

White, R. J., et al. "Cephalic Exchange Transplantation in the Monkey." Surgery 70, no. 1 (1971): 135–39.

最凶殘的哺乳類

Portions originally published as Engelhaupt, Erika. "How Human Violence Stacks Up Against Other Killer Animals." Gory Details (blog), National Geographic, September 28, 2016. news.national geographic. com/2016/09/human-violence-evolution-animals -nature-science.

Bell, M. B. V., et al. "Suppressing Subordinate Reproduction Provides Benefits to Dominants in Cooperative Societies of Meerkats." Nature Communications 5 (July 2014).

Gomez, J. M., et al. "The Phylogenetic Roots of Human Lethal Violence." Nature 538, no. 7624 (October 2016): 233–37.

Perrtree, R. M., et al. "First Observed Wild Birth and Acoustic Record of a Possible Infanticide Attempt on a Common Bottlenose Dol- phin (Tursiops truncatus)." Marine Mammal Science 32, no. 1 (January 2016): 376–85.

United Nations Office on Drugs and Crime. Global Study on Homicide, 2013.

Wrangham, Richard. The Goodness Paradox. Knopf Doubleday, 2019.

同類相食實用指南

Portions originally published as Engelhaupt, Erika. "Some Animals Eat Their Moms, and Other Cannibalism Facts." Used with per- mission, Gory Details (blog), Science News, February 6, 2014. www. sciencenews.org /blog /gory-details/some-animals-eat -their-moms-and-other-cannibalism-facts; and Engelhaupt, Erika. "Cannibalism Study Finds People Are Not That Nutri- tious" : Gory Details (blog), National Geographic, April 6, 2017. news.national geographic.com/2017/04/ human-cannibalism -nutrition-archaeology-science.

Carbonell, E., et al. "Cultural Cannibalism as a Paleoeconomic System in the European Lower Pleistocene." Current Anthropology 51, no. 4 (August 2010): 539–49.

Cole, J. "Assessing the Calorific Significance of Episodes of Human Cannibalism in the Palaeolithic." Scientific Reports 7 (April 2017).

Evans, T. A., E. J. Wallis, and M. A. Elgar. "Making a Meal of Mother." Nature 376, no. 6538 (July 1995): 299.

Schutt, Bill. Cannibalism: A Perfectly Natural History. Algonquin Books, 2017.

Soulsby, James. Animal Cannibalism: The Dark Side of Evolution. 5m Publishing, 2013.

開拓陰蒂的新疆界

Blechner, Mark J. "The Clitoris: Anatomical and Psychological Issues." Studies in Gender and Sexuality 18, no. 3 (2017): 190–200.

Buisson, Odile, et al. "Coitus as Revealed by Ultrasound in One Volunteer Couple." The Journal of Sexual Medicine 7, no. 8 (2010): 2750–54.

Di Marino, Vincent, and Hubert Lepidi. Anatomic Study of the Clitoris and the Bulbo-Clitoral Organ, Vol. 91. Springer, 2014.

Ehrenreich, Barbara, and Deirdre English. Complaints and Disorders: The Sexual Politics of Sickness. 2nd ed. The Feminist Press at CUNY, 2011.

Fyfe, Melissa. "Get Cliterate: How a Melbourne Doctor Is Redefining Female Sexuality." The Sydney Morning Herald, December 8, 2018.

Hoag, Nathan, Janet R. Keast, and Helen E. O'Connell. "The 'G-Spot' Is Not a Structure Evident on Macroscopic Anatomic Dissection of the Vaginal Wall." The Journal of Sexual Medicine 14, no. 12 (2017): 1524–32.

Moore, Lisa Jean, and Adele E. Clarke. "Clitoral Conventions and Transgressions: Graphic Representations in Anatomy Texts, c1900-1991." Feminist Studies 2, (Summer 1995): 255–301.

Park, Katharine. "The Rediscovery of the Clitoris: French Medicine and the Tribade." In The Body in Parts: Fantasies of Corporeality in Early Modern Europe, edited by Carla Mazzio and David Hill- man. Routledge, 1997, 171–93.

Pfaus, James G., et al. "The Whole Versus the Sum of Some of the Parts:

Toward Resolving the Apparent Controversy of Clitoral Versus Vaginal Orgasms." Socioaffective Neuroscience & Psy- chology 6, no. 1 (2016): 32578.

Sheehan, Elizabeth. "Victorian Clitoridectomy: Isaac Baker Brown and His Harmless Operative Procedure." Medical Anthropology Newsletter 12, no. 4 (1981): 9–15.

Stringer, Mark D., and Ines Becker. "Colombo and the Clitoris." European Journal of Obstetrics & Gynecology and Reproductive Biology 151, no. 2 (2010): 130-33.

Volck, William, et al. "Gynecologic Knowledge Is Low in College Men and Women." Journal of Pediatric and Adolescent Gynecology 26, no. 3 (2013): 161–66.

女性的一大步

Portions originally published as Engelhaupt, Erika. "How Do Women Deal With Having a Period . . . in Space?" Gory Details (blog), National Geographic, April 22, 2016. www.nationalgeographic .com/science/ phenomena/2016/04/22/how-do-women-deal-with -having-a-period-in-space.

Jain, Varsha, and Virginia E. Wotring. "Medically Induced Amenorrhea in Female Astronauts." NPJ Microgravity 2 (2016): article no. 16008.

Ride, Sally K. "NASA Johnson Space Center Oral History Project, Edited Oral History Transcript." Interviewed by Rebecca Wright, October 22, 2002. historycollection.jsc.nasa.gov/JSCHistoryPortal/ history/oral_histories/RideSK/RideSK_10-22-02.htm.

戀屍癖

Harrison, Ben. Undying Love: The True Story of a Passion That Defied Death. Macmillan, 2001.

"Hold Von Cosel on Malicious and Wanton Charges." The Key West Citizen, October 7, 1940.

Langley, Liz. Crazy Little Thing: Why Love and Sex Drive Us Mad. Cleis Press, 2011.

Moeliker, C. W. "The First Case of Homosexual Necrophilia in the Mallard Anas platyrhynchos (Aves: Anatidae)." Deinsea 8, no. 1 (2001): 243–48.

Rosman, Jonathan P., and Phillip J. Resnick. "Sexual Attraction to Corpses: A Psychiatric Review of Necrophilia." Bulletin of the American Academy of Psychiatry and the Law 17, no. 2 (1989): 153–63.

Russell, Douglas G. D., William J. L. Sladen, and David G. Ainley. "Dr. George Murray Levick (1876–1956): Unpublished Notes on the Sexual Habits of the Adélie Penguin." Polar Record 48, no. 4 (2012): 387–93.

Troyer, John. "Abuse of a Corpse: A Brief History and Re-Theorization of Necrophilia Laws in the USA." Mortality 13, no. 2 (2008): 132–52.

第四部：恐怖的爬行者
引言：走開！

Portions originally published as Engelhaupt, Erika. "This Is What Happens When You Use Rat Poison: Flymageddon." Gory Details (blog), National Geographic, May 15, 2015. www.nationalgeographic.com/science/phenomena/2015/05/15/this-is-what-happens-when-you -use-rat-poison-flymageddon.

Bass, Bill, William M. Bass, and Jon Jefferson. Death's Acre: Inside the Legendary Forensic Lab—the Body Farm—Where the Dead Do Tell Tales. Penguin, 2004.

和老鼠賽跑

Originally published as Engelhaupt, Erika. "Yes, Rats Can Swim Up Your Toilet. And It Gets Worse Than That." Gory Details (blog), National Geographic, August 14, 2015. www.nationalgeographic .com/science/phenomena/2015/08/14/yes-rats-can-swim-up -your toilet-and-it-gets-worse-than-that.

不容小覷的蟎

Dunn, Robert R. "The Evolution of Human Skin and the Thousands of Species It Sustains, With Ten Hypothesis of Relevance to Doctors." In Personalized, Evolutionary, and Ecological Derma- tology, edited by R. A. Norman. Switzerland: Springer Interna- tional Publishing, 2016.

Moran, Ellen M., Ruth Foley, and Frank C. Powell. "Demodex and Rosacea Revisited." Clinics in Dermatology 35, no. 2 (2017): 195–200.

Palopoli, Michael F., et al. "Global Divergence of the Human Follicle

Mite Demodex folliculorum: Persistent Associations Between Host Ancestry and Mite Lineages." Proceedings of the National Academy of Sciences 112, no. 52 (2015): 15958–63.

Thoemmes, Megan S., et al. "Ubiquity and Diversity of Human-Associated Demodex Mites." PLOS One 9, no. 8 (2014): e106265.

破解蟑螂

Portions originally published as Engelhaupt, Erika. "Amazing Video Reveals Why Roaches Are So Hard to Squish." Gory Details (blog), National Geographic, February 8, 2016. www.national geographic.com/science/phenomena/2016/02/08/watch-amazing -video-reveals-why-roaches-are-so-hard-to-squish.

Fardisi, Mahsa, et al. "Rapid Evolutionary Responses to Insecticide Resistance Management Interventions by the German Cockroach (Blattella germanica L.)." Scientific Reports 9, no. 1 (2019): 8292.

Jayaram, Kaushik, et al. "Transition by Head-on Collision: Mechan-ically Mediated Manoeuvres in Cockroaches and Small Robots." Journal of The Royal Society Interface 15, no. 139 (2018): 20170664.

Jayaram, Kaushik, and Robert J. Full. "Cockroaches Traverse Crev- ices, Crawl Rapidly in Confined Spaces, and Inspire a Soft, Legged Robot." Proceedings of the National Academy of Sciences 113, no. 8 (2016): E950–E957.

Jindrich, Devin L., and Robert J. Full. "Dynamic Stabilization of Rapid Hexapedal Locomotion." Journal of Experimental Biology 205, no. 18 (2002): 2803–23.

Schweid, Richard. The Cockroach Papers: A Compendium of History and

Lore. Four Walls Eight Windows, 1999.

有蟲跑進我身體

Portions originally published as Engelhaupt, Erika. "A Horrifying List of Creatures That Can Crawl Into Your Body." Gory Details (blog), National Geographic, February 14, 2017. news.nationalgeographic .com/2017/02/roach-in-nose-ear-insects-science.

Morris, Thomas. "Worms in the Nose." Thomas-Morris.uk, 2016.

O'Toole, K., et al. "Removing Cockroaches From the Auditory Canal: Controlled Trial." The New England Journal of Medicine 312, no. 18 (1985): 1197–97.

那不是睫毛

Bradbury, Richard S., et al. "Case Report: Conjunctival Infestation with Thelazia Gulosa: A Novel Agent of Human Thelaziasis in the United States." American Journal of Tropical Medicine and Hygiene 98, no. 4 (2018): 1171-74.

腦袋裡的蟲

Originally published as Engelhaupt, Erika. "Parasitic Worms Found in a Woman's Eye—First Case of Its Kind." Gory Details (blog), National Geographic, February 12, 2018. news.nationalgeographic.com/2018/ 02/eye-worms-parasites-oregon-thelazia-gulosa-health-science.

Thiengo, Silvana Carvalho, et al. "Angiostrongylus cantonensis and Rat Lungworm Disease in Brazil." Hawai'i Journal of Medicine & Public Health 72, no. 6, Suppl. 2 (2013): 18.

Wang, Huijie, et al. "Eating Centipedes Can Result in Angiostrongylus cantonensis Infection: Two Case Reports and Pathogen Investi- gation." The American Journal of Tropical Medicine and Hygiene 99, no. 3 (2018): 743–48.

世界最慘烈的叮咬

Originally published as Engelhaupt, Erika. "This Is the Worst Insect Sting in the World." Gory Details (blog), National Geographic, September 26, 2016. news.nationalgeographic.com/2016/09/ worlds-most-painful-insect-sting-science.

Schmidt, Justin O. The Sting of the Wild. JHU Press, 2016.

Smith, Michael L. "Honey Bee Sting Pain Index by Body Location." PeerJ 2 (2014): e338.

Wilcox, Christie. Venomous: How Earth's Deadliest Creatures Mastered Biochemistry. Scientific American/Farrar, Straus and Giroux, 2016.

第五部：解剖學
引言：要分泌還是要排泄

Yang, Patricia J., et al. "Hydrodynamics of Defecation." Soft Matter 13, no. 29 (2017): 4960–70.

挖金礦

Burres, Steven. 2011. Device and method for removing earwax. U.S. Patent application US20120296355A1. patents.google.com/ patent/ US20120296355A1/en?oq=US20120296355A1.

Ernst, E. "Ear Candles: A Triumph of Ignorance over Science." The Journal of Laryngology & Otology 118, no. 1 (2004): 1–2.

Hinde, Alfred. "An Efficient and Inexpensive Instrument for the Removal of Ear Wax." Journal of the American Medical Associ- ation 28, no. 19 (1897): 908–08.

Pahuja, Deepak, and Ryan Scott Bookhamer. 2012. Disposable dual-tipped ear curette incorporating depth measurement system. U.S. Patent US20130190647A1. patents.google.com/patent/ US20130190647A1/en.

Prokop-Prigge, Katharine A., et al. "Identification of Volatile Organic Compounds in Human Cerumen." Journal of Chromatography B 953 (2014): 48–52.

Prokop-Prigge, Katharine A., et al. "Ethnic/Racial and Genetic Influ- ences on Cerumen Odorant Profiles." Journal of Chemical Ecol- ogy 41, no. 1 (2015): 67–74.

Shokry, Engy, and Nelson Roberto Antoniosi Filho. "Insights into Cerumen and Application in Diagnostics: Past, Present and Future Prospective." Biochemia Medica 27, no. 3 (2017): 1–15.

Yao, Kou C., and Yao Nancy Combined toothbrush, tongue scraper, and ear cleaner. U.S. Patent US3254356A. patents.google.com/ patent/ US3254356A/en.

糞便的療效

Portions originally published as Engelhaupt, Erika. "Introducing the First Bank of Feces." Used with permission, Gory Details (blog), Science News, February 12, 2014. www.sciencenews.org/blog/gory-details/ introducing-first-bank-feces; and as "Alternatives Needed to Do-It- Yourself Feces Swaps." Used with permission, Gory Details (blog), Science News, February 20, 2014. www.sciencenews.org/ blog/gory- details/alternatives-needed-do-it-your self-feces-swaps.

Falkow, S. "Fecal Transplants in the 'Good Old Days'." Small Things Considered (blog), 2013.

Jia, N. "A Misleading Reference for Fecal Microbiota Transplant." The American Journal of Gastroenterology 110, no. 12 (2015): 1731.

Juul, Frederik E., et al. "Fecal Microbiota Transplantation for Primary Clostridium difficile Infection." New England Journal of Medicine 378, no. 26 (2018): 2535–36.

Meyers, Shawn, et al. "Clinical Inquiries: How Effective and Safe Is Fecal Microbial Transplant in Preventing C. difficile Recur- rence?" The Journal of Family Practice 67, no. 6 (2018): 386–88.

Saey., T. S. "A Gut Bacteria Transplant May Not Help You Lose Weight." Science News, May 9, 2019.

Zhang, Faming, et al. "Should We Standardize the 1,700-Year-Old Fecal Microbiota Transplantation?" The American Journal of Gastroenterology

107, no. 11 (2012): 1755.

在游泳池裡尿尿

Portions originally published as Engelhaupt, Erika. "This Is What Happens When You Pee in the Pool." Used with permission, Gory Details (blog), Science News, April 8, 2014. www.sciencenews .org /blog / gory-details/what-happens-when-you-pee-pool.

Andersson, Martin, et al. "Early Life Swimming Pool Exposure and Asthma Onset in Children—a Case-Control Study." Environmen- tal Health 17, no. 1 (2018): 34.

Lian, Lushi, et al. "Volatile Disinfection Byproducts Resulting from Chlorination of Uric Acid: Implications for Swimming Pools." Environmental Science & Technology 48, no. 6 (2014): 3210–17.

舔舐傷口

Originally published as Engelhaupt, Erika. "How Dog and Cat 'Kisses' Can Turn Deadly." Gory Details (blog), National Geographic, October 24, 2017. news.nationalgeographic.com/2017/10/dogs-cats-clean-licking-bacteria-health-science.

Buma, Ryoko, et al. "Pathogenic Bacteria Carried by Companion Animals and Their Susceptibility to Antibacterial Agents." Biocontrol Science 11, no. 1 (2006): 1–9.

Butler, T. "Capnocytophaga canimorsus: An Emerging Cause of Sep- sis, Meningitis, and Post-Splenectomy Infection After Dog Bites." European Journal of Clinical Microbiology & Infectious Diseases 34, no. 7 (2015): 1271–80.

Dewhirst, Floyd E., et al. "The Canine Oral Microbiome." PLOS One 7, no. 4 (2012): e36067.

Dewhirst, Floyd E., et al. "The Feline Oral Microbiome: A Provisional 16s
rRNA Gene Based Taxonomy With Full-Length Reference
Sequences." Veterinary Microbiology 175, no. 2–4 (2015): 294–303. Van
Dam, A. P., and A. Jansz. "Capnocytophaga canimorsus Infections in the
Netherlands: A Nationwide Survey." Clinical Microbiology
and Infection 17, no. 2 (2011): 312–15.

尿，還是不尿？

Originally published as Engelhaupt, Erika. "Urine Is Not Sterile, and Neither Is the Rest of You." Used with permission, Gory Details (blog), Science News, May 22, 2014. www.sciencenews.org /blog / gory-details/ urine-not-sterile-and-neither-rest-you.

Branton, William G., et al. "Brain Microbial Populations in HIV/ AIDS: Alpha-Proteobacteria Predominate Independent of Host Immune Status." PLOS One 8, no. 1 (January 23, 2013).

Branton, W. G., et al. "Brain Microbiota Disruption Within Inflamma- tory Demyelinating Lesions in Multiple Sclerosis." Scientific Reports 6 (November 28, 2016).

Putnam, David F. "Composition and Concentrative Properties of Human Urine." NASA, 1971.

Stout, Molly J., et al. "Identification of Intracellular Bacteria in the Basal Plate of the Human Placenta in Term and Preterm Gesta- tions." American Journal of Obstetrics and Gynecology 208, no. 3 (2013): 226.

e1–26.e7.

Thomas-White, Krystal, et al. "Culturing of Female Bladder Bacteria Reveals an Interconnected Urogenital Microbiota." Nature Communications 9, no. 1557 (2018).

流血之必要性

Portions originally published as Engelhaupt, Erika. "Bloodletting Is Still Happening, Despite Centuries of Harm." Gory Details (blog), National Geographic, October 27, 2015. www.nationalgeographic .com/ science/phenomena/2015/10/27/bloodletting-is-still-happen ing-despite-centuries-of-harm.

Bennett, J. Hughes. "Further Observations on the Restorative Treatment of Pneumonia." The Lancet 87, no. 2214 (1866): 114–16.

Fernandez-Real, J. M., et al. "Blood Letting in High-Ferritin Type 2 Diabetes: Effects on Insulin Sensitivity and Beta-Cell Function." Diabetes 51, no. 4 (April 2002): 1000–1004.

Morens, D. M. "Death of a President." New England Journal of Medicine 341, no. 24 (December 9, 1999): 1845–50.

North, R. L. "Benjamin Rush, MD: Assassin or Beloved Healer?" Baylor University Medical Center Proceedings 13, no. 1 (January 2000): 45–49.

Parapia, Liakat Ali. "History of Bloodletting by Phlebotomy." British Journal of Haematology 143, no. 4 (November 2008): 490–95.

Thomas, D. P. "The Demise of Bloodletting." The Journal of the Royal College of Physicians of Edinburgh 44, no. 1 (2014): 72–77.

排毒的迷思

Portions originally published as Engelhaupt, Erika. "Fact or Fiction: Can You Really Sweat Out Toxins?" Gory Details (blog), National Geographic, April 6, 2018. news.nationalgeographic.com/2018/04/sweating-toxins-myth-detox-facts-saunas-pollutants-science.

Imbeault, Pascal, Nicholas Ravanelli, and Jonathan Chevrier. "Can POPs Be Substantially Popped out through Sweat?" Environment International 111 (February 2018): 131–32.

第六部：神祕的心智
引言：腦中的程式錯誤

Lindner, Isabel, et al. "Observation Inflation: Your Actions Become Mine." Psychological Science 21, no. 9 (September 2010): 1291–99.

隱形蟲

Portions originally published as Engelhaupt, Erika. "Delusions of Infestation Aren't as Rare as You'd Think." Gory Details (blog), National Geographic, June 22, 2018. news.nationalgeographic .com/2018/06/delusions-infestation-insects-skin-ekboms-syndrome -health-science.

Kohorst, John J., et al. "Prevalence of Delusional Infestation—a Population-Based Study." JAMA Dermatology 154, no. 5 (May 2018): 615–17.

巫毒娃娃之謎

Portions originally published as Engelhaupt, Erika. "Why Stabbing a Voodoo Doll Is So Satisfying." Used with permission, Gory Details (blog),

Science News, June 5, 2014. www .sciencenews.org /blog /gory-details/ why-stabbing-voodoo-doll -so-satisfying.

Ayduk, Oezlem, Anett Gyurak, and Anna Luerssen. "Individual Differences in the Rejection-Aggression Link in the Hot Sauce Paradigm: The Case of Rejection Sensitivity." Journal of Exper- imental Social Psychology 44, no. 3 (May 2008): 775–82.

Bushman, Brad J., et al. "Low Glucose Relates to Greater Aggression in Married Couples." Proceedings of the National Academy of Sciences of the United States of America 111, no. 17 (April 29, 2014): 6254–57.

DeWall, C. Nathan, et al. "The Voodoo Doll Task: Introducing and Validating a Novel Method for Studying Aggressive Inclinations." Aggressive Behavior 39, no. 6 (November 2013): 419–39.

Huber, R., D. L. Bannasch, and P. Brennan. "Aggression." In Advances in Genetics 75 (2011): 2–293.

Liang, Lindie H., et al. "Righting a Wrong: Retaliation on a Voodoo Doll Symbolizing an Abusive Supervisor Restores Justice." Leadership Quarterly 29, no. 4 (August 2018): 443–56.

Lieberman, J. D., et al. "A Hot New Way to Measure Aggression: Hot Sauce Allocation." Aggressive Behavior 25, no. 5 (1999): 331–48.

Rozin, P., L. Millman, and C. Nemeroff. "Operation of the Laws of Sympathetic Magic in Disgust and Other Domains." Journal of Person- ality and Social Psychology 50, no. 4 (April 1986): 703–12.

小丑走開！

Portions originally published as Engelhaupt, Erika. "The Real Reason Clowns Creep Us Out." Gory Details (blog), National Geographic,

October 7, 2016. news.nationalgeographic.com/2016/10/ real-reason-clowns-creep-us-out.

McAndrew, Francis T., and Sara S. Koehnke. "On the Nature of Creepiness." New Ideas in Psychology 43 (December 2016): 10–15.

對人臉過目不忘

Portions originally published as Engelhaupt, Erika. "Do You Have a Face-Finding Superpower for Fighting Crime?" Gory Details (blog), National Geographic, September 1, 2015. www.national geographic.com/science/phenomena/2015/09/01/do-you-have -a-face-finding-superpower-for-fighting-crime.

Elbich, Daniel B., and Suzanne Scherf. "Beyond the FFA: Brain- Behavior Correspondences in Face Recognition Abilities." Neuro- image 147 (February 15, 2017): 409–22.

Russell, Richard, Brad Duchaine, and Ken Nakayama. "Super-Recognizers: People with Extraordinary Face Recognition Ability." Psychonomic Bulletin & Review 16, no. 2 (April 2009): 252–57.

Sacks, Oliver. "Face-Blind: Why Are Some of Us Terrible at Recognizing Faces?" New Yorker, August 23, 2010, 36–43.

White, David, et al. "Perceptual Expertise in Forensic Facial Image Comparison." Proceedings of the Royal Society B: Biological Sciences 282, no. 1814 (2015): 20151292.

銀幕上的心理病態

Portions originally published as Engelhaupt, Erika. "The Most (and Least) Realistic Movie Psychopaths Ever." Used with permission, Gory

Details (blog), Science News, January 14, 2014. www.sciencenews.org / blog/gory-details/most-and-least-realistic-movie-psychopaths-ever.

Fallon, James. The Psychopath Inside: A Neuroscientist's Personal Journey into the Dark Side of the Brain. Current, 2014.

Hare, Robert D., and Craig S. Neumann. "Psychopathy: Assessment and Forensic Implications." Canadian Journal of Psychiatry/Revue Canadienne De Psychiatrie 54, no. 12 (December 2009): 791–802.

Leistedt, Samuel J., and Paul Linkowski. "Psychopathy and the Cinema: Fact or Fiction?" Journal of Forensic Sciences 59, no. 1 (January 2014): 167–74.

Lilienfeld, Scott O., et al. "Correlates of Psychopathic Personality Traits in Everyday Life: Results from a Large Community Survey." Frontiers in Psychology 5 (July 22, 2014).

Ogloff, James R. P. "Psychopathy/Antisocial Personality Disorder Conundrum." Australian and New Zealand Journal of Psychiatry 40, no. 6–7 (June–July 2006): 519–28.

聲音與憤怒

Edelstein, Miren, et al. "Misophonia: Physiological Investigations and Case Descriptions." Frontiers in Human Neuroscience 7 (June 25, 2013).

Kumar, Sukhbinder, et al. "The Brain Basis for Misophonia." Current Biology 27, no. 4 (February 20, 2017): 527–33.

Kumar, Sukhbinder, et al. "Features Versus Feelings: Dissociable Representations of the Acoustic Features and Valence of Aver- sive Sounds." Journal of Neuroscience 32, no. 41 (October 10, 2012): 14184–92.

後記

Skloot, Rebecca. The Immortal Life of Henrietta Lacks. Broadway Books, 2017.

Yang, P., et al. "How Do Wombats Make Cubed Poo?" Paper presented at the Annual Meeting of the American Physical Society Division of Fluid Dynamics, Atlanta, 2018.